徐宇甦　　陈李波　　樊驰弘　　著

Memories of the historic town
— Shuangqiao of Dawu County

红色记忆：传统村落历史、形态与文化研究丛书

澴水河畔的记忆
—— 大悟双桥镇

武汉理工大学出版社

图书在版编目（CIP）数据

澴水河畔的记忆：大悟双桥镇／徐宇甦，陈李波，樊驰弘著． — 武汉：武汉理工大学出版社，2018.8
ISBN 978-7-5629-5731-7

Ⅰ．①澴… Ⅱ．①徐… ②陈… ③樊… Ⅲ．①乡镇－古建筑－保护－研究－大悟县 Ⅳ．① TU-87

中国版本图书馆 CIP 数据核字（2018）第 174806 号

项目负责人：杨　涛
责任编辑：王　思
责任校对：余士龙
书籍设计：杨　涛
出版发行：武汉理工大学出版社
社　　　址：武汉市洪山区珞狮路 122 号
邮　　　编：430070
网　　　址：http://www.wutp.com.cn
经　　　销：各地新华书店
印　　　刷：武汉精一佳印刷有限公司
开　　　本：880×1230　1/16
印　　　张：7
字　　　数：185 千字
版　　　次：2018 年 8 月第 1 版
印　　　次：2018 年 8 月第 1 次印刷
定　　　价：298.00 元

总 序

陈李波
2018年3月

    大别山位于鄂豫皖三省交界处，在中国红色文化发展史上占据重要地位。自1927年黄麻起义开辟柴山保革命根据地至中华人民共和国成立，大别山始终是中国红色政权核心地区之一，享有"四重四地"之美誉。

    大别山区传统村落星罗棋布，红色文化基因赋予传统村落丰富的历史、艺术、生活与情感等价值，正是这些基因与价值造就了这些村落独具魅力的村落布局、空间形态与生活情境。然而作为集中成片特困地区之一，大别山区发展滞后，众多传统村落濒临瓦解，精神凝聚力丧失，传统"古村落"成为当下"穷村落"。

    如何在国家政策的引导下，凭借大别山红色文化线路，以线路带发展、以文化促创新，传承这些村落的文化价值与精神内涵，激发其内在活力，实现其在新时期下的文化传承与复兴，便成为当下亟待解决的重要课题。

    事实上，传统村落作为宝贵的"另一类文化遗产"[①]，其重要性已经不言而喻，关于其保护与发展的话题也成为研究热点。然而总体而言，目前有关的研究存在以下不足：

    一是重保护，轻发展。与历史文化村镇不同，传统村落在规划上自由度更大，在"被动保护"与"主动发展"两者之间的余地也更多。然而，现今研究多将传统村落置于历史文化村镇保护体系内，照搬后者标准去评判前者，不仅使传统村落保护体系僵化，也扼杀了其发展的多种潜能。

    二是重外力，轻潜能。即：重外在输血扶贫，轻内在立志复兴。忽视对贫困群众主动性的激发，缺乏对"就近就业"与"人才回流"重要性的认识，而以旅游线路为其代表现象，用消费来"拯救"沿线村落文化。诚然，旅游可先导先行，但并不意味着旅游就是传统村落的唯一发展方向。

---

① 冯骥才. 传统村落的困境与出路——兼谈传统村落是另一类文化遗产[J]. 民间文化论坛，2013（1）：7-12.

三是重传承，轻创新。过分强调红色文化的传承性，却忽视其带动力与结合力，以及其在当下的价值增值与转化潜力。红色文化线路、传统村落文化传承有其共性，但因其外在推力与内在动因不同，发展应各具个性，应有针对性地去挖掘。

四是重理论，轻实证。传统村落是孕育红色文化的土壤，是传承革命精神活的家园，更是扶贫攻坚的阵地。但现今传统村落研究偏重理论，实证研究相对滞后，个案研究不足20%。

有鉴于此，本丛书在编写过程中，首先尝试性提出"大别山红色文化线路"的概念。通过红色文化线路的方式明确红色文化在线路中的本体地位，挖掘革命精神在沿线村落发展中的带动效应，以线串点、以线扩面，为大别山传统村落的系统研究、扩展研究提供一个全新的视角，这在先期出版的《静谧古村——大悟传统村落（九房沟、八字沟与双桥镇）》中，便有着明显之体现。

其次，本着系统挖掘、抢救性挖掘传统村落文化物质遗产的目的，以大别山红色文化线路为基线，以历史事件为脉络，通过详尽的田野考察，系统挖掘沿线传统村落的多元价值，抢救整理红色文化物质遗产，建立传统村落图文档案，并且在行文中探讨性地归纳传统村落的发展方向与模式，从而将大别山传统村落保护与发展落到细处，落到实处。

当前，国家相继出台的《"十三五"脱贫攻坚规划》（2016）与《中共中央、国务院关于深入推进农业供给侧结构性改革加快培育农业农村发展新动能的若干意见》（2017）等政策文件，均不同程度关注大别山传统村落发展问题；同时，湖北、河南与安徽三省为贯彻《国务院关于大别山革命老区振兴发展规划的批复》（2015）精神，也陆续出台相应实施方案或实施意见。如何在这些政策的指引下，将传统村落的保护与发展落到实处，如何把握这些契机，将传统村落的艺术与文化价值、发展潜力充分挖掘出来，是摆在我们这些从事理论研究与实践工作的同仁面前的头等大事，这便是本丛书编纂的初衷与期许！

本丛书所选取的案例绝大部分是基于现场测绘和调研的第一手资料，并参阅和考察了大量的历史档案与图纸。虽然传统村落大部分建筑仍然存在，但保存状况堪忧，甚而有些建筑，即便是遗址都很难探寻。然而庆幸的是，保留和遗存的这些建筑已能构建起传统村落历史、形态与文化的大致轮廓，至少在景象层面可为我们保留传统村落的历史面貌与特征，这也是笔者编写此丛书的动力所在、兴趣所在。

本丛书的图纸基础相当一大部分来源于笔者工作的武汉理工大学建筑系长期以来的对传统村落调查与测绘的成果，没有这些老师、学生持之以恒地对传统村落的调查、探寻、测绘与研究，本书断难成篇。此外，还要感谢在写作过程中帮助我们的同事与朋友，当然还要感谢曾经指导的学生们，如研究生曹功、眭放步、卢天、王凌豪以及历史建筑与测绘的建筑学本科生，正是他们不辞辛苦地为丛书编写提供了丰富珍贵的图片资源，并参与绘制大量建筑图，这些使得本书案例添色不少。另外还要感谢武汉理工大学出版社的编辑同志，正是他们的努力促成本书的出版，感谢他们对我们的支持与理解。在此，谨向上面所提及的所有人表示最衷心的感谢和最崇高的敬意。

目录

绪　论

大别山位于鄂豫皖三省交界处，在中国红色文化发展史上占据重要地位。自1927年黄麻起义开辟柴山保革命根据地至中华人民共和国成立，大别山始终是中国红色政权核心地区之一，享有"四重四地"之美誉。

大别山区传统村落星罗棋布，红色文化基因赋予传统村落丰富的历史、艺术、生活与情感等价值，正是这些文化基因与多元价值造就了这些传统村落独具魅力的村落布局、空间形态与生活情境（表0-1）。

表0-1 湖北红色文化历史遗迹（建筑类）一览表①

县	镇	建筑名称	地址
红安县	七里坪镇	黄麻起义会议遗址	和平街
		七里坪革命法庭旧址	和平街64、65号
		秦绍勤烈士就义纪念地	东后街26号
		七里坪长胜街革命遗址群	长胜街
		中共七里区委会旧址	桥头岗
		列宁市②列宁小学旧址	列宁小学院内
		列宁市彭湃街遗址	河街1号
		列宁市杨殷街旧址	长胜街132号
		鄂豫皖特区苏维埃政府旧址	镇王锡九村
大悟县	宣化店镇	中原军区司令部旧址	镇南端，原为宣化店商会公寓
		周恩来与美蒋谈判旧址	旧址为"湖北会馆"
		中原军区首长旧居	中原军区司令部旧址南60m
		李先念旧居	中原军区司令部旧址南80m
	丰店镇	传统村落九房沟	桃岭村

大别山一带以红色文化闻名，研究大别山区传统村落，势必要研究红色文化对其造成的影响。在大别山红色文化发展历程中，由关键历史事件活动（发展）的标志性节点连接而成的文化线路共有3条，依次为：土地革命时期鄂豫皖苏区建立；抗日战争时期新四军第五师活动；解放战争时期刘邓大军挺进大别山。

---

① 未作说明者，图片、表格皆为自绘、自摄。
② 七里坪镇曾被命名为"列宁市"。

大悟县在大别山红色文化第二条路线（新四军第五师活动）中，是鄂豫皖路线的核心地带，是整个红色路线的枢纽，受大别山红色文化影响较深远（表0-2）。

表0-2　传统村落考察路线详表

省域	红色文化第二条线路 （新四军第五师活动）		中国传统村落	交通路线
湖北	黄冈市	蕲春县	向桥乡狮子堰村	武汉→黄冈西（动车）D6235
	孝感市	大悟县	芳畈镇白果树湾村	武汉→孝感北（高铁） G856
			宣化店镇铁店村八字沟	
			丰店镇桃岭村九房沟	
			城关镇双桥村	
	武汉市	黄陂区	木兰乡双泉村大余湾	武汉宏基客运站→黄陂中心客运站 （公交，约2h）

大悟县是全国著名的革命老区、鄂豫皖革命根据地的腹心地带，具有光荣的革命历史。大悟县自1955年以来，被授予将军军衔人数多达37人（表0-3），故也称"将军县"，是名副其实的将军之乡。许多革命前辈曾在大悟这片土地上奋斗过。周恩来、董必武、李先念、徐向前等党和国家领导人曾在大悟留下光辉的战斗足迹。大悟也是民国大总统黎元洪的故乡。

表0-3　大悟县开国将军一览表

军衔	姓名	人数	备注
大将	徐海东	1人	军事家
中将	周志坚、聂凤智、程世才	3人	
少将	方毅华、邓绍东、石志本、叶建民、田厚义、宁贤文、伍瑞卿、刘何、刘华清、孙光、严光、李长如、吴杰、吴永光、吴林焕、何光宇、何辉燕、张国传、张宗胜、张潮夫、金绍山、周明国、郑本炎、赵文进、姚运良、高林、席舒民、黄立清、韩东山、董志常、谢甫生、雷绍康、颜东山	33人	刘华清（1988年被授予上将军衔）

大悟县位于湖北省东北部，地处大别山脉西部，东与红安县及河南省新县接壤，西邻广水市，南邻孝昌县及武汉市黄陂区，北靠河南省信阳、罗山两县。地处东经114°02′～114°35′，北纬31°18′～31°52′。东西相距42.4km，南北相距43.8km，总面积1985.71km²。

大悟县地貌以丘陵山地为主，以北部五岳山、西部娘娘顶、东部仙居山、南部大悟山四大主峰构成地貌的基本骨架，依山势县域西部由北向南、中部和东部由中间向南北缓降，地形分为低山、丘陵、平畈三种基本类型。县境内水系纵横，库塘密布。境内有澴水、滠水、竹竿河三大主要河流，共有大小支流324条。澴水、滠水南流入汉水，竹竿河北注入淮水。

大悟县属亚热带季风性气候。四季分明，雨量充沛，日照充足。年平均气温15℃，年平均降水量在1140mm左右。全年无霜期为227~242天，其分布南长北短，南北相差约15天。

据《大悟县志》记载，大悟历史沿革久远，名称更替频繁（表0-4）。

表0-4　大悟历史沿革

时代	历史沿革	
北朝/周	因北周设安陆郡，部分贵族向南迁徙	
隋	开皇九年（589年）	以县境内礼山为名，设礼山县
唐	唐初废县名	
清	清康熙二年（1663年）	境域分属罗山、黄陂、孝感、黄安两地四县管辖
中华民国	1930—1932年	中国共产党先后在境内设罗山、陂孝北、河口三县苏维埃政权
	1933年	国民党设礼山县，属湖北省第四行政督察区
	1936年	改属第二行政督察区
	1939年	改属鄂东行署
	1942年初—1945年9月	中共鄂豫边区党委、鄂豫边区行政公署及新四军第五师司政机关进驻大悟山区，先后设安礼县、罗礼应县、礼南县三个抗日民主政府
	1946年1月—6月26日	中原突围，中共中央中原局先后在境内建立礼山自治县民主政府、礼山县民主政府、礼山县爱国民主政府
1949年及以后	1949年4月6日	礼山县全境解放
	1949年10月1日	中华人民共和国成立，礼山县爱国民主政府改称礼山县人民政府，隶属湖北省孝感专员公署
	1952年9月10日	改称大悟县

题记：澴水河畔，界山脚下，将军乡中，一座经历了千年风霜的古镇，一首绵延悠长的古诗，一段思绪万千的回忆，一本孤独寂寞的古书，一些被记忆剪碎的旧事，一片斑驳冗杂的剪影……

第一章　海桑陵谷，星燧贸迁

双桥镇，一座依偎在澴河河畔的古镇，一座蜿蜒在界山山脚的古镇，一座矗立在过去与未来之间的古镇。双桥镇因镇的南北两面各有一座石桥得名，而当初见证古镇发源的石桥却早已不复存在。如今，也只有那条见证了古镇千年兴衰的澴河才能与它互诉衷肠，道尽相思。"枯藤老树昏鸦，小桥流水人家，古道西风瘦马。夕阳西下，断肠人在天涯。"马致远的这首元曲或许正是现在这座千年古镇的真切写照（图1-1、图1-2）。

图1-1 双桥镇图景（一）

图1-2 双桥镇图景（二）

第一节　千年古镇

一

双桥镇位于湖北省大悟县县城以北，距大悟县县城12km、武汉市151km。镇内省道大安线纵贯南北，京珠高速擦境而过。全镇地势西高东低，主要河流澴河沿镇东侧流过。古镇盛产茶叶、木材、染布、米粮。

二

双桥镇的发源，可追溯到千年之前。早在南北朝北周时期，双桥镇镇域即有迁徙居民在澴河河畔建起了村落。澴河古称澴水，发源于今河南省罗山县与湖北省大悟县接壤处的灵山。"应山州东。洪武初省。十三年五月复置。西有鸡头山，澴水出焉。西南有涢水。东有白泉河，与澴水合，入孝感县界。"[①]为方便百姓通行，在村落南、北端于澴河之上各建一座单孔石桥，故此地命名"双桥"。发展到清康熙年间，由于双桥镇地处孝感县小河镇与三里城骧路之间，澴河从镇东流经，水陆交通极为便利，所以形成了集市，并有农历双日为集的习俗，双桥镇亦由此慢慢形成以商贸为主的集镇，吸引南来北往的客商。可以说，澴河是双桥镇百姓的"母亲河"，养育了一代又一代双桥镇人，为双桥镇百姓带来了繁荣与希望。

抗日战争时期，大悟县曾出现过许多可歌可泣的英雄人物，而著名的"双桥镇大捷"就是发生在这座千年古镇上。

1930年冬，蒋介石对鄂豫皖革命根据地发动了第一次"围剿"，投入8个师、3个旅共计10万兵力，采取四面合围的方式，企图把根据地红军一网打尽。但在鄂豫皖红军与双桥镇百姓的团结合作与英勇斗争下，于双桥镇镇域，前后经历7个多小时的艰苦战斗，最终取得了击毙敌军1000余人，俘获敌军5000多人，缴枪6000余支、山炮4门、迫击炮10多门的辉煌战果，国民党师长岳维峻被红军29团活捉。

时至今日，中国历史博物馆和中国人民革命军事博物馆内，还陈列着一张当年鄂豫皖红军活捉国民党师长岳维峻的照片。双桥镇大捷，不仅是红军反围剿的一次重大胜利，更是双桥镇百姓勇气与智慧的集中体现。

第二节　古镇兴衰

双桥镇有着近千年的历史，逃不脱岁月轮回的宿命。千年间的由兴而盛，由衰而败，诉说着双桥古镇特有的形成与演变过程。大部分古镇最初的形成，是由于商品交换的出现。为了方便群众生活，在一定区域范围内，形成正规的商品交换市场，唐宋时期称为"草市"。随着商品交换活动的日益频繁，这些"草市"的位置

---

① 《明史》卷四十四·志第二十·地理五：湖广浙江。

和形式逐渐固定下来，并发展成为城镇。

一

双桥古镇的形成与演变历程也遵循着上述规律，根据《北周地理志》、《光绪孝感县志》及《大悟地名志》，其演变时期可以划分为起源、发展、兴盛、衰落四个阶段（表1-1）。

表1-1 双桥镇各阶段发展表

阶段	说明	分析
起源	据《北周地理志》记载，开皇九年，向南方迁徙的贵族定居于此，在双桥镇区域建立多个村落。因村落位于澴河两岸，故在澴河上架设单孔石桥，石桥渐渐成为该区域的重心	该阶段，古镇生长的主要特点表现为：整体形态呈点状散落分布，生长点单一，生长力较弱，且发展方向不明确，有较大的发展空间
发展	清康熙二年（1663年），由于驿道交通的便利，双桥镇区域在原石桥南侧新建一石桥，周边散点村落居民部分迁徙到南北二桥附近居住并进行贸易活动，"双桥"地名由此出现。这一阶段，"双桥"地名虽已出现，但镇域内居民仍然较为松散，古镇双桥街由刘姓家族成员主导建筑完成，古镇区基本形成。此时镇区重心偏向北端石桥，主要有界山上刘氏宗祠（现已被拆）、刘姓家族族长及子女住宅	该阶段，古镇生长的主要特点表现为：整体形态呈带状发展，出现多个生长点和多向作用力，发展方向明确，生长力较强
兴盛	随着古镇经济的持续发展，至清光绪年间发展到鼎盛时期。这一时期是古镇的主要建房期，随着市集发展，逐渐有异姓迁入，古镇逐步扩展。镇区逐步向南发展，直至南端石桥，主要包括异姓住宅、基督教堂，整体格局和大部分住房皆于此时形成，并保存至今。据《大悟地名志》记载，古镇与二郎店镇逢单双日开市，其时商贾云集，热闹非凡。直到1949年前，街上各类商铺皆有，粮行一家，茶叶作坊两家，铁匠铺十多家，杂货店十多家，各类小吃餐饮店十几家，北桥附近有米粮交易市场。周边地区都有人来此进行贸易，逐渐发展为孝感地区物资集散地之一	该阶段，古镇生长的主要特点表现为：整体围绕多个生长点呈带状形成一定规模的建筑群，且向面状扩散。这期间古镇的变化集中在城镇内部的调整上，古镇形态逐渐完善
衰落	1949年中华人民共和国成立之后，大悟县政府设于二郎店镇区域，二郎店镇域逐渐成为大悟县重点发展区域。随着经济重心的转移，道路桥梁的架设，距离大悟县城不远的双桥镇成为大悟县城关镇的辖区，古镇随之衰落。目前镇区已改称双桥乡，古街虽然保留尚好，但繁华的市集却已不复存在	该阶段，古镇住宅结构布局等不再进一步演化，新类型建筑加入，久无人居及年久失修等原因也让古镇古建筑逐步走向衰落

纵观双桥古镇的发展演变过程，总的来说属于一个"自下而上"的自由生长模式。所谓"自下而上"，即没有一个预先的目标和总体构思，在自然环境和经济规律的作用下，按发展的实际需要，经多年的积累逐步形成一个完整的形态，表现出一种类似有机体的生长过程。

二

双桥古镇的形态演变历程由两个方面的因素决定：其一是自然因素，其二是社会因素。这两种因素都不能单独对古镇产生影响，而是相互渗透、共同影响古镇的发展。而在不同的阶段，二者又居于不同的位置，孰主孰从，与古镇经济的发展及人类文明发展都有着密切联系。

从自然因素上而言，双桥古镇地理优势相当明显。古镇背山面水，位于湖北通往河南的省道边，坐落在应山、界山山麓，面对澴河，河对岸土壤肥沃，有足够的耕地，适于生活居住。应山、界山属于典型的林地土壤，是大悟茶叶的主要生产基地。同时，双桥米粮、染布也是重要的贸易物资。丰富的物产资源为古镇的发展奠定了良好基础。但同样是地理位置原因，在中华人民共和国成立后随着距离颇近的大悟县城的发展，古镇的发展空间急剧收缩，经济中心转向农业生产，商业贸易基本集中于大悟县城，古镇由此衰落。

从社会因素上讲，明清时期是我国封建社会晚期，长期的社会统一稳定，为社会经济的持续发展提供了有利的社会环境，同时，当时政府为巩固其封建统治采取了一系列有利于发展工农业生产的措施，鼓励垦荒屯田、水利建设等。明清时期农业发展的另一个显著进步是商品农业的发展，商品交换的需求也日益增加，使古镇日益繁荣昌盛。

中华人民共和国成立前，社会动荡，战事频繁，古镇经济日渐萧条。中华人民共和国成立后，随着经济中心的转移，古镇的经济愈发衰落，其有限的空间尺度已跟不上社会经济发展的脚步。

双桥古镇是农业经济型和商业交通型结合的城镇，优越的自然地理环境和便利的地理交通是其经济发展的重要原因。独特的市集文化赋予了古镇浓郁的地域特色。在自然地理因素和社会经济因素的双重影响下，双桥古镇由盛至衰，经历了起源、发展、成熟、衰落四个阶段，每个阶段都有各自不同的生长特点。

题记：以苍天为盖，以大地为庐，以界山为魂，以溪水为魄，以阴阳为屏，以四时为锦，以人文为脉。双桥古镇地理位置得天独厚，其自然布局顺天时、应地利，同时也体现着数百年来一代代双桥镇百姓有关生态环境的大智慧。

第二章　藏风聚气，浑然天成

　　与传统村落空间相似，双桥古镇的空间格局是自发形成的，其空间布局特色来源于生活，来源于当地的风土环境、文脉传统、生活习俗，这就使双桥镇的格局具有较强的地域特色和人文气息。但它与传统村落空间不受拘束的生长模式相比，更易受到其城镇商贸特征的约束（图2-1）。

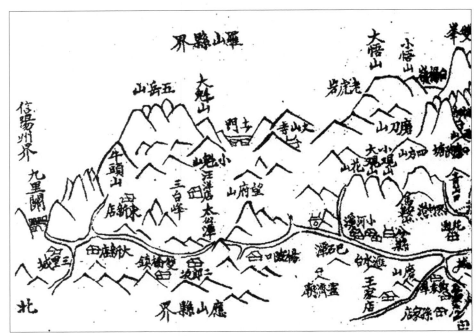

图2-1　清光绪《孝感县志》舆地图（图片来源：摹自朱希白修，沈用增纂，[清]光绪《孝感县志》）

第一节　空间之构成

　　中国传统的古镇往往来源于草市，所以地处村落汇合附近、交通要道两旁、关键津渡之处，这是它的先天必然性。但传统古镇又是集商贸、居住、耕作于一体的，这也决定了其选址要求适应多种功能。

一

　　中国传统的古镇选址观念是长期对自然的观察与实际生活体验的综合体现，最终形成了一套特有的关于住宅、村落和城镇等居住环境的选择理论。风水观念就是其中的重要指导思想，对古镇的选址有很大影响。风水（堪舆）也称"相地"，主要是根据地理形势、自然环境，利用直观的方法去寻找理想的地理环境。《风水辩》中记载："所谓风者，取其山势之藏纳……不冲冒四面之风；所谓水者，取其地势之高燥，无使水近夫亲肤而已，若水势屈曲而又环向之，又其第二义也。"由此可见，风水观念无形中将人与自然的关系推向了一个和谐共生的状态，这也是几千年来劳动人民经验积累的结晶（图2-2）。

　　对双桥古镇来说，其选址应满足四个方面的基本要求，即生活、安全、容纳、景观。

　　生活方面，传统市镇在功能上首先表现为商贸集市，但同时又是居住场所和农耕基地，故其址应饮则有水，行则有道，耕则有田，艺则有圃，伐则有山。既力求生活所需，又满足生产要求。

　　安全方面，安居乐业是人们的向往与追求。故其址须既能避免自然灾害之影响，如山崩、水淹、风摧、沙打等侵袭，又能防御来自外族或流寇的侵扰。

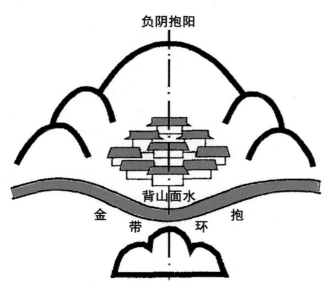

图2-2　理想的古镇选址模式

容纳方面，为了满足子孙繁衍、人丁兴旺之宗族观念，故其址力求满足"千灶万丁"的容纳量，基地要相对开阔平展，主要场所连成一片而不被沟坎、悬崖所割断，能满足后代子孙扩建延展用地的需求。

景观方面，所选之地力求能够筑有竹木之秀，谷有清静之幽，脉有龙腾之势，水有银幕之美，春可尝山花烂漫，夏可乘林木之荫，秋可收丰硕之果，冬可享农闲之悦。

综上所述，双桥镇坐山面水，界山与瀤河两岸之间的地势宽阔平坦，充分满足了上述四个方面的需求。与此同时，古镇周围的地理环境亦满足风水学中"藏风聚气，得水为上"的要求，堪称一个理想的聚集地，这些都为后来双桥镇的繁荣发展奠定了一定的自然基础（图2-3）。

图2-3　双桥镇航拍图

二

人类聚落的营造，首先考虑的是贴近自然，人作为自然的一部分，必须融于自然，与自然同生同息，大地山河是人类赖以生存的物质空间。双桥古镇坐落于山环水绕的自然环境中，这是一个有山、有水的理想空间，这种以大地山河为视觉图像，并以此产生安全感、归宿感的理想图像，形成了古村落特有的环境意象。

双桥镇形态较为紧凑，西侧背依界山，东侧面向濮水。主镇区从南北朝时期自北端石桥附近起始建设，沿界山下古驿道与濮水之间的南北方向主街逐步向南端石桥发展，形成了"界山·驿道"与"桥·河·街"的空间形态（图2-4）。

双桥镇因为地理环境优势，吸引较多人在此定居，进而发展成为物资集散之地，因而居住与商贸是古镇之目的根本。但其特殊的生成条件与社会文化背景使古镇的防御特性被加强，形成了较强烈的防御布局特点。双桥镇主街双桥街两端均设有石门一座，从主街往驿道方向未设巷道，采用建筑后墙紧密相连，后墙均采用片石垒砌；主街往濮水方向有三条巷道，巷道尽端均有石门，夜间关闭，用大木杠销紧。所以整个古镇虽然是重要市镇，但整体空间围合内敛，呈现较强的防卫布局形态。

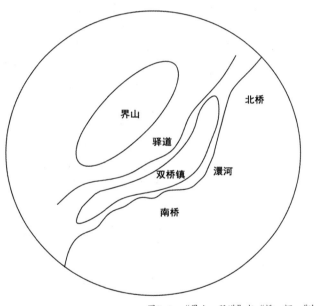

图2-4 "界山·驿道"与"桥·河·街"格局

第二节 形态之演变

双桥镇的形态演变过程与生物的进化过程有某些相似之处，都需要经历从弱小逐步发展壮大的过程，与此同时，都会受到外界因素诱导与自身内在因素影响的共同作用。整个过程复杂而又漫长，是一种动态的、自发性的发展过程，也是人类社会与自然环境共同选择的结果。

一

　　虽然传统镇区的形成是一个自发的动态过程，但依然有一定的规律可循，即它们的形成与发展往往要依托一些"生长点"。依照《大悟地名志》及古镇老人讲述，古镇的"生长点"应该是古镇北端石桥。这其中有两个原因：第一，石桥为联系澴河两岸的主要交通点，容易成为附近几个村落的商品集散地。第二，石桥所处位置靠近驿道，其西端界山上即是古镇的刘氏宗祠，南侧不远处就是刘氏族长宅院，而相传清时双桥古镇的大部分土地均为刘氏所有，应是由此发展而来（图2-5）。

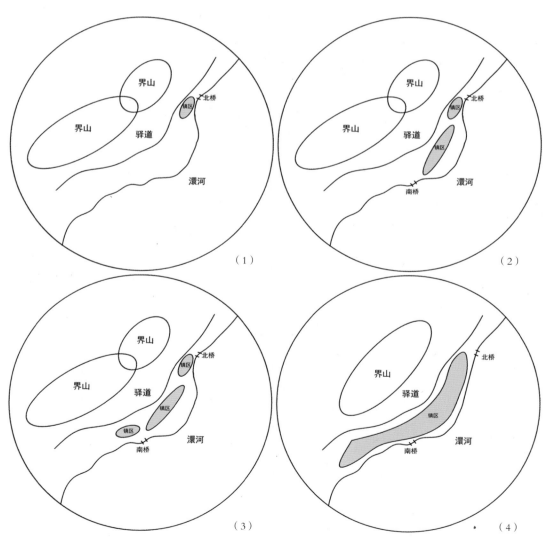

图2-5　双桥古镇发展图

二

中国封建社会时期，商品经济不发达，主要的生产经营活动以家庭作坊为单位，规模较小。他们聚集构成的商业街肆以带状线型的布局为主，即以一条主要的街道为轴线，沿街两侧的店铺密集排列，呈现出水平延伸的生长趋势。双桥镇区的发展正是这种生长方式的典型体现。同时古镇所处的自然地理环境也从某种程度上影响了双桥古镇区的演变，如果界山、驿道是从一方面对双桥古镇镇区空间的一种限定，那么澴河则是从另一方面引导了双桥镇区的线状演化。

古镇以北端石桥为生长起点，向北仅设置部分堆场，向南则以澴河、驿道为依托呈线状延伸。清光绪年间，双桥镇已发展到南端石桥以南，分支三条巷道分别通向澴河码头。至此，镇区格局已大致形成，即以双桥街为纵向主轴，以三巷为支脉的古镇空间结构。

总体看来，老镇区的演化趋势是以镇北的澴河石桥为生长基点，以双桥街为生长轴呈"带状"延伸（表2-1）。

表2-1 双桥古镇演变图表

时间	说明	图片
南北朝/北周时期	南北朝北朝时期，界山与澴河之间地形环境条件优越，双桥古镇先民在此定居，以北端石桥为起点	
清康熙年间	清朝康熙年间，双桥镇逐渐发展，澴河两岸已建起两座石桥，南面也逐渐聚居。此时双桥街主轴已初具雏形	
清光绪年间	清朝光绪年间，双桥镇形态基本成熟，已经形成以双桥街为纵向主轴，以三巷为支脉的古镇空间结构	

续表2-1

时间	说明	图片
现状	到现在，双桥镇形态已经成熟，主轴、支脉也清晰可见。典型的以双桥街为主轴的空间结构呈"带状"延伸并成型	

第三节　历史之人文

　　古镇空间形态的发展过程，也是人类与自然相互作用的过程。双桥镇在人文与山水景观的相互影响下呈现出独特的整体空间格局与形态，这便是古镇独具个性之根本缘由（图2-6）。

图2-6　古镇远景

一

　　人文景观方面，可以大致分为两大要素，即建（构）筑物与绿化。人工建（构）筑物是古镇人文景观的物质载体。双桥街两侧的街屋，以其传统的明清风貌和连续的墀头成为古镇的主体景观。如果将界山的山体作为背景，那么连檐街屋与澴河便是画面的主要内容。镇北跨越澴河，建于古石桥遗址之上的澴河桥、双桥街南端的堡门立柱和镇中的石砌欧式外观教堂，皆因其不同于街屋的个性，加之内在的人文底蕴，成为古镇景观的点睛之笔，画面中的题眼。可惜的是，往昔雕梁画栋的刘氏宗祠，因为历史原因已不复存在。

　　构成人文景观的另一要素绿化，亦是一个重要载体。各个住宅，天井院中配置灌木与花卉，宅后遍植乔木，就风水角度而言，既是弥补镇基地先天之不足，同时也给当地居民带来多元化的感官体验（图2-7）。

图2-7　双桥镇一角

二

　　双桥镇人文与自然的和谐表现在古镇建（构）筑轮廓和背景山体、前景滠水之间的协调上。建（构）筑物作为一个相对独立的景观要素，同时又是形成古镇总体意象的一部分，它与作为背景、前景的山、水相组合，构成完整的景观体系。这两大景观主次关系十分明确，建筑和山峦、水体保持走势一致，即建筑随山顺水，建筑轮廓线和山峦轮廓线成平行或服从关系（图2-8）。

　　由此可见，双桥古镇独特的自然景观可归纳成以下三个方面，即：

　　（1）借助山峦重叠与起伏之势，形成层次丰富、空间距离深邃的自然景观；

　　（2）依就河流蜿蜒与曲折之势，营造富有曲线、动态的水体之美；

　　（3）融合人文建筑与植被，塑造古镇景观的地域性与可识别性。

图2-8　滠河桥上望双桥镇区

三

　　中国传统古镇村落崇尚一种寓意深刻的文化环境，由于受儒家文治教化思想的影响，各宗室都把"文运昌盛"作为本宗族兴旺发达的标志。同时，科举入世也是普通宗族有望成为显赫家族的唯一途径。因此，各乡里宗族都精心创设富有文化意向的村镇环境。尽管双桥镇是个商贸集镇，但却不失以"小桥、流水、人家"为构成要素的传统村落风貌，呈现出洒脱朴实、平淡自然的生活情调。同时，传统的耕读文化也深深地影响着古镇。古镇的景观构建不仅以自然山水为基础，更隐含深刻的人文意境，每一景都是一幅画、一首诗，格调高雅而又朴实自然，虽以田园风光为主题，但却渗透着传统文化的内涵（图2-9~图2-11）。

　　双桥古镇虽然是自发形成，但其空间格局却与风水学理念相契合，漹河与界山之间的环境是理想的群族聚居之地。从这个角度来说，古镇自身的功能需求就是古镇选址和发展的"看不见的风水师"。当这种内在的要求与周边的自然环境吻合时，古镇的生长和演化方式即被确定。镇区的生长和演化是融于自然环境的，再加上古镇自身所蕴藏的人文气息，使得双桥古镇的空间格局既具有中国传统市镇的共性，又具有强烈的地域色彩。

图2-9　双桥镇古街

图中挂面名为"油面",由食用油、食盐、面粉经双桥镇祖传手艺纯手工制作而成,一天仅能做40斤(20kg)左右,因制作过程辛苦缓慢,现双桥镇仅存一户人家坚持制作。常有游客慕名来购买油面。

注:油面制作视频请扫描二维码。

图2-10 双桥镇"油面"(一)

图2-11 双桥镇"油面"(二)

题记：东晋诗人陶渊明所著《桃花源记》有云："土地平旷，屋舍俨然，有良田美池桑竹之属。阡陌交通，鸡犬相闻。"其中描述之景象，与双桥古镇、古街及古巷的气质颇为契合……

第三章　街巷阡陌，曲直相通

街巷是双桥古镇物质形态要素中最重要的要素之一，它是反映城镇肌理的重要因素，是古镇的骨架和支撑。街巷的主要作用是联系城市内部各要素，有效组织线型交通，使之成为有机整体，因而其对架建整体空间形态起着决定性作用。街巷一般由古镇民居建筑围合而成，是一种空间模式和行为模式的综合体，担负着居住、交通、文化、经济、防御等多重功能，既是一个物质实体又是一种心理空间和社会空间。

街巷空间包括街、巷、河以及作为街道空间的延伸和扩大空间的节点空间等，形式丰富多样。街巷两侧建筑立面在细部处理、建筑材料和色彩运用上富于变化，使街巷空间变得很有韵味。作为古镇意向的主导元素，街巷又是在镇区范围内进行意向组织的主要手段（图3-1）。

图3-1 双桥镇街巷图（一）

第一节 三位一体的结构

根据性质划分，双桥古镇的构成要素包括街道、支巷、河流及桥等，这些要素有机地结合，共同组成了一个完整的古镇公共交通、商业、生活空间系统。

一

　　古镇街巷空间形态是指街巷总体布局形式以及街巷、民居、水系等物质要素的格局、肌理和风格，不仅体现规划布局的基本思想，记录和反映了古镇格局的历史变迁，更显示着一定历史条件下人的心理、行为与村落自然环境互动、融合的痕迹。双桥古镇坐落在山环水绕的自然环境中，其街巷与周围自然环境共同构建了一个山、街、水三位一体的整体结构。这是根据丘陵地区地形地貌、生态及景观特点衍生出来的。丘陵环境中的山脉、河川、土地等，既是古镇街巷赖以生存和发展的自然基础，也是街巷结构的载体，其中河流的形态和山体的坡度是两个最重要的因素。双桥古镇街巷利用了山地本身的层次性和立体性，顺应山脉和水体的走势，不盲求规整与对称，因势利导地利用坡地、阶地、平地交错的形式灵活布局，与山体、河流浑然一体，适应复杂的地形特点，开合有度，能曲能直，形成形态丰富、"三位一体"的街巷整体结构特色，达到人工环境与自然山水的和谐统一（图3-2）。

图3-2　双桥镇航拍图（一）

二

双桥古镇主街双桥街由北至南贯穿古镇，是物资交流的主要场所，并支撑起古镇的格局。由主街向澴河发展了三条宅间巷道，形成"E"字形道路骨架。而向界山、驿道一侧，为防匪患，未设任何巷道（图3-3）。

双桥街街道全长约350m，宽约5m。街道两边多为店宅，以三开间居多，主要经营杂货、染行、粮油、药材及木材。街面满铺青石板，由于土地自身的属性与街道形成的自发性，主街蜿蜒曲折。除了交通功能，街道上主要进行商品交易活动。三条巷道各长约35m，宽2～3m，主要功能为防火、分户以及使得主街购物人群迅速抵达澴河边码头。

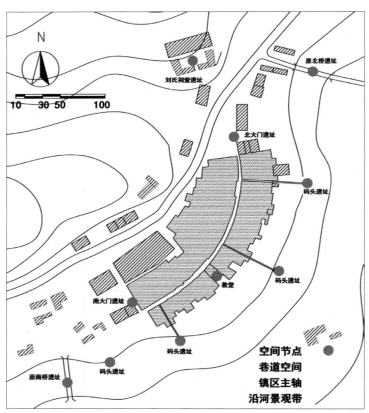

图3-3　双桥镇街巷空间分析图

三

双桥镇具有"两桥·两门·一祠·一堂"的空间节点，这些节点从一定程度上丰富了双桥镇的空间结构（表3-1）。

表3-1 双桥镇空间节点表

节点	说明	名称及图示
两桥	早在双桥古镇形成初期，镇南北两面即各建有一石桥，镇名也是由此而来。两桥原为单孔石桥，由于历史原因，现仅存北端石桥遗址，并于1990年在北桥原址上新建六孔澴河大桥。南北双桥是双桥古镇发展的起点，是世代栖居于此的双桥镇百姓祖辈们的起点，北桥南望，可远眺蜿蜒于界山之下的古镇	双桥镇北端新建澴河大桥（图3-4）
两门	古镇双桥街南北端原各建有一座石门，石门的设置是出于防卫的考虑，以防盗匪侵袭。主街往澴河方向的三条巷道尽头亦有石门，夜间关闭，用大木杠销紧。从空间形态上看，主街的两座石门也是进出双桥街的界标	双桥镇北门原址（图3-5）；北巷尽头石门（图3-6）；门闩木杠洞口（图3-7）
一祠	古镇双桥街北门外界山之上原建有刘氏宗祠一座，位于界山山腰，俯瞰古镇，遥对澴河，原是双桥街主体居民刘氏家族成员的重要集会地点，据称刘氏宗祠雕梁画栋，蔚为壮观，可惜于1982年拆除，新建粮库于旧址之上	
一堂	古镇双桥街中段建有一座巴洛克风格的基督教堂，当地人称之为"洋房子"。教堂共两层，均用青石垒砌而成，顶部呈三个弧形，二楼临街三扇窗子顶端也为弧形，面上贴有一幅彩绘十字架，教堂顶部长满了青苔。据古镇老人叙述，基督教堂建于清末光绪年间，当时古镇信教者颇多，每到礼拜日，附近信徒都会到教堂聚集，唱圣经做礼拜。教堂成为当时居民的一个主要聚会场所	双桥镇中段教堂（图3-8）；教堂细部（图3-9）

图3-4 双桥镇北端新建澴河大桥

图3-5 双桥镇北门原址

图3-6 北巷尽头石门

图3-7　门闩木杠洞口

图3-8　双桥镇中段教堂

图3-9 教堂细部

第二节 聚商通贾的功能

　　在古镇中，因相应的公共建筑从类型与数量上均不能很好地满足需求，故街巷成为社会生活的主要载体。街巷的空间作为双桥镇百姓生活的发生器和促媒器，不只是具有单纯的交通功能，更多的是对古镇百姓多层次行为需求的支持。需求的多层次决定了街巷功能的多重性。双桥镇的街巷功能可以归纳为：居住生活功能、交通联系功能、序列组织功能、防御功能与环境友好功能（表3-2）。

表3-2 双桥镇街巷功能

街巷功能	分析
居住生活功能	为街巷的主要功能，给居民百姓最切身的感受，直接与生活实际相挂钩，也是最顺应需求的功能
交通联系功能	为街巷的基本功能，根据古镇的位置定位来确定该功能的发达程度，会顺应需求而适当改变
序列组织功能	最能体现整体布局的功能，结合公共建筑物穿插布局节点空间，使街道高潮起伏不断
防御功能	为防御外敌入侵，巷道、主街均设有石门以供阶段性防御
环境友好功能	双桥古镇地处亚热带地区，夏季炎热，街巷所起的通风作用尤为重要，微气候的功能调节为百姓提供良好的环境

—

居住生活功能是古镇街巷的重要功能之一（图3-10），其空间形态、尺度、构成方式等都与居民居住及其交流活动方式有关，根据人的活动的频繁程度来定义街巷的尺度与沿街界面，以给人带来最大程度的舒适感和亲切感。家与街的紧密联系，使街巷成为生活空间的一部分，将室内外空间联系在一起，既有利于交流，又增加了建筑空间。街坊邻居之间相互熟识，相处融洽。居住在这里的人们生活闲适而快乐，面对面的交谈是必不可少的信息来源途径，经常可以看到邻里依门而立，幽静的街巷内不时回荡着阵阵欢快的笑声。

图3-10 双桥镇街巷

二

双桥古镇自兴起以来，其商业贸易异常活跃，是这一地区重要的物资集散和经济贸易场所之一。这里的商贸活动，按经营内容可分为：传统商业、加工业、服务业；按经营方式可分为：店铺经营、临时摊位经营以及挑担提篮、走街串巷的吆喝经营。丰富多彩的经济活动在简陋的场所营造出热闹的氛围。而交通联系则是古镇街巷的基本功能，主要表现在两个方面：对外，双桥古镇街巷（特别是驿道、石桥）是区域性的交通节点，是周围各地往来的交通枢纽；对内，它是联系双桥古镇各功能区的重要通道。

随着经济和交通重心转移到大悟县城，古镇的经济与交通功能逐渐衰退，街巷也转变成以居住功能为主的生活性街道。现在仅有少量商铺仍在经营（图3-11、图3-12）。

图3-11 悬山商铺图

图3-12 双桥镇商铺图

三

　　多条尺度不一的街巷，将古镇上所有的房屋有序地组织起来，将孤立的各空间要素纵向组织到一起，形成一条统一的主轴线，并结合公共建筑物穿插布局节点空间，使街道高潮起伏不断；错落有致地布置的各支巷将古镇空间横向界定为三片，每片各具特色。利用街巷将山地本身特有的层次性和立体性与周围的山体、水体组织在一起，构成了层次丰富、用地节约的空间形态（图3-13）。

图3-13　双桥镇街巷图（二）

四

　　双桥古镇街巷的防御功能主要通过街巷的宽窄变化、巷道尽端设置的石门、街道南北入口设置的门楼等方式实现（图3-14）。

图3-14　街巷防御石门

五

　　双桥古镇地处亚热带地区，夏季炎热，街巷所起的通风作用尤为重要。南北风向为双桥镇常年主导风向，白天阳光的辐射作用加速水面空气的对流，在傍晚形成凉爽的河风，通过垂直河岸的巷道进入古镇。

　　古镇西面靠山。古镇建筑依山就势的布局既充分利用了地形，又满足了驿道及河道交通运输对于便利条件的需求。同时这种布局还使得山水景观与街巷建筑有机结合，提供了良好的居住环境（图3-15）。

图3-15 双桥镇一角

第三节 错落有致的平面

双桥镇街巷平面形式丰富多变，意境优美，且包容性很强。其平面构成不是约定俗成的，但又决非随心所欲。其形式主要受地形等客观条件的影响，根据人们的生活需要而逐步产生，形成了不同的街与巷、巷与巷、街巷与等高线、街巷与水体的交接方式。从平面形态来讲，双桥镇属于典型的带状平面形态，这种形态因经济交通的往来自然而然地"生长"而成，又因为不受正统的城建指导思想的限制，故基本都是沿着主要交通干道单线发展，最终形成带状结构。

一

凹凸错落、蜿蜒曲折、收放自如，是双桥古镇街巷平面的三个重要特点。

街巷是建筑的外部延伸，建筑因街巷的介入而产生空间序列。双桥主街两侧建筑在平面上进退不一，屋檐的出挑及门窗、石阶等对空间的进一步界定，增加了街巷空间的层次与虚实变化，使街巷平面两侧并非两条呆板的平行线。凹凸错落的街巷平面形式，加上形式相近的建筑立面，形成一个连续完整又不失变化的街巷平面。

双桥镇整体上基本保持与潆河平行，但由于用地条件受限，古镇街巷平面并非是宽阔笔直的，而是顺应地势适度弯曲转折。这样既减少建设工程量，又可以形成轻快活泼的宜人空间。

古镇街巷平面的收放主要通过平面的宽窄变化来实现，街巷的路面宽度并非刻意规划，而是随着地形条件变化而异：地势宽敞平坦之处，建筑的布置、道路的拓展都游刃有余；用地局促时，建筑落成后留给街路的面积少，形成狭窄的路面。由此逐渐成长为一个收放自如的街巷空间，与城镇的生活、商业、休闲娱乐相得益彰（图3-16、图3-17）。

图3-16 双桥镇航拍图（二）

图3-17 双桥镇航拍图（三）

二

　　双桥古镇的平面交接方式大致可以分为3种，即街与巷的交接、街巷与等高线的交接、街巷与水体的交接（表3-3）。

表3-3　双桥镇平面交接方式

平面交接方式	分析	图示
街与巷交接	双桥镇三条巷道均与主街大致呈"T"字形交接	
街巷与等高线交接	分平行与垂直两种关系，主街平行于等高线弯曲布置，巷道垂直于主街与等高线	
街巷与水体交接	巷道垂直于水体，便于微气候调节	

　　古镇街与巷的交接方式采用"T"字交接，即三条巷道全部采用"T"字形与主街相交，各交接点并非平均分布于主街之上，而是有节奏的收放，与街道蜿蜒变化点相接。究其原因，主要是考虑便于迅速将市集采购的物品运输至码头，同时考虑一定防御的要求。

　　街巷与等高线之间分为平行与垂直两种关系。双桥镇主街顺应地势走向，平行于等高线自然弯曲布置，这种形式既降低了工程造价，又丰富了街道空间布局；而巷道垂直于主街布置，自然垂直于等高线（图3-18）。

图3-18　双桥镇总平面

主街顺应河流走向自北而南布局，与河流保持平行关系，便于生产、生活与防御。巷道与水体垂直，不仅便于交通，同时还有利于调节古镇微气候。

第四节　安居乐俗的尺度

　　影响街巷空间尺度的因素很多，主要由地理环境、气候特点、街道功能、行为情感因素等几方面决定。双桥古镇地处丘陵，平坦而适合的建设面积相对较少，因而古镇的街巷尺度都不大。街巷空间随地形起伏变化，形态丰富多样。根据亚热带气候特点，利用小尺度街道遮阳挡雨，同时窄的街道利于形成风道，使得夏季凉爽，这与北方使用大尺度街道争取日照相反。

　　街道功能决定了它的尺度，双桥镇的主街是一条集商业、生活、交通等多功能于一体的街道，因此其尺度比功能相对单一的次巷的尺度大。同时，行为情感因素也决定着街巷尺度，古镇亲切宜人的小尺度，满足人的行为、情感的需要，给人以轻松安全的感觉（图3-19）。

图3-19　双桥镇街巷图（三）

日本的芦原义信在《街道的美学》[①]中论述，街巷空间尺度主要由街道的宽度D、建筑外墙高度H、建筑单开间面宽W三者之间的比例关系决定，不同的D/H会使人产生不同的心理感受与视觉效应（表3-4，表3-5）。双桥古镇主街两侧线形分布的铺面组合成明确的空间界定，突出的边界特征表现出显现的领域属性。临街建筑檐口的高度H为3.0~4.5m，主街宽度D为3.2~3.6m，平均宽度为3.4m，建筑单开间面宽W为3.0~3.8m，因此主街的D/H为0.8~1.0，W/D为0.8~1.2，此种比例能给人以亲切、匀称的感觉；同时小于主街宽度D的建筑单开间面宽W反复出现，主街空间保持着良好的比例关系，使街道气氛显得格外热闹。

表3-4　D、H比值与人心理反应关系表

D与H的比值	图示	人的心理反应
$D：H<1$		视线被高度收束，有内聚和压抑感
$D：H=1$		内聚安定，无压抑感
$2≥D：H>1$		内聚向心的空间，但无排斥离散感
$3≥D：H>2$		实体排斥感，空间离散感
$D：H>3$		失去空间围合感，空旷迷失感增强

表3-5　D、H比值与视觉效应关系表

D与H的比值	图示	视觉效应
$D：H=1$		此时垂直视角为45°，注意力较集中，是全封闭的界限，观察者容易将注意力放在细部，可看清实体的细部，即檐下空间

---

① 芦原义信. 街道的美学[M]. 尹培桐，译. 天津：百花文艺出版社，2006.

续表3-5

D与H的比值	图示	视觉效应
D：H=2	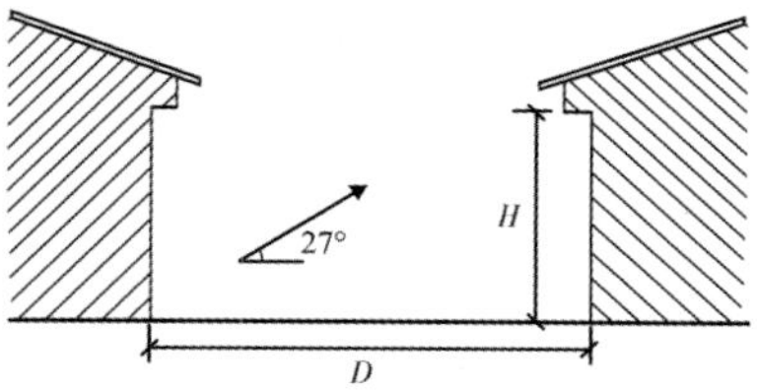	此时垂直视角为27°，是封闭的界限，可看清立面及整体的细部，易注意到立面整体关系
D：H=3	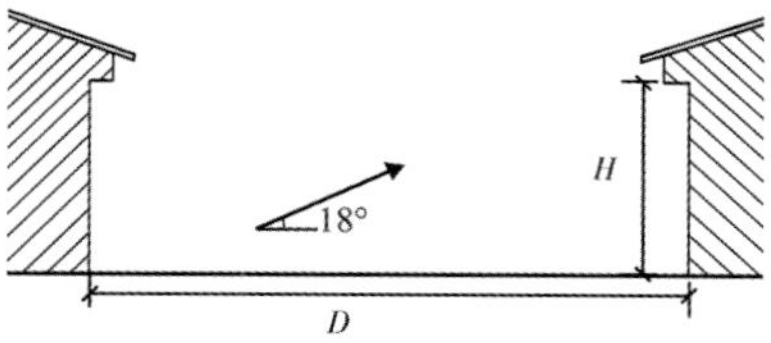	此时垂直视角为18°，部分封闭，视角开始涣散，易于注意建筑与背景的关系。可以看见坡屋顶，获得整体与背景轮廓关系

第五节 富有韵律的景观

与平原街巷景观相比，丘陵街巷景观最明显的特征在于地形的起伏变化，这使得双桥镇街巷空间处于三维的自然结构之中，赋予山地街巷空间多维的景观。蜿蜒的河流、形态各异的建筑组群和台阶高差、连绵的山体分别构成了双桥镇街巷的近景、中景、远景，形成多层次的空间，给人们带来独特而丰富的心理感受。由于山地地形的特殊性，人们获得了广阔视野和多变视角的可能性。在不同的视点与视线方向，有不同的街巷景观变化，因而具有多维度、多向度的景观特点。街巷景观层次丰富、灵活多变，随人们视角不同而产生停顿、限定、引导、转折等多种街巷空间尺度感受，这在平原地区是难以体验的。

双桥镇街巷的形式美主要体现在和谐统一和富有韵律上。古镇街巷景观在组织上利用优越的自然条件，充分尊重自然，巧用自然，因地制宜，将气候、地形、水文、植被等因素进行整合，借用共同的自然环境要素、建筑材料、构建方式以及形式相近的建筑立面、连续墀头等，达到自然美与人工美、静态美与动态美、整体美与局部美的高度和谐与统一。正是这些"共性"元素将丰富的空间形式有机地统一起来，形成和谐的街巷景观。

第六节 斫雕为朴的界面

双桥镇街巷的主要界面分为垂直界面与水平界面。垂直界面是指街巷道路两侧垂直的建筑界面，水平界面是指街巷的水平道路界面。如果说道路是古镇的"骨架"，那么界面即是在这骨架之上的"皮"。一个古镇给人留下最直观的印象就是街巷的特性,通过其街巷的空间与界面彰显其独有的魅力(表3-6)。

表3-6 街巷界面分析表

街巷界面	方式	分析
垂直界面	主街建筑界面	主街建筑界面主要为双桥街沿街建筑界面,建筑大多同山共脊,门面大小形制类似,和而不同
	次街建筑界面	次街建筑界面与主街建筑界面类似,规模较小
	巷道建筑界面	巷道建筑界面以山墙与院墙为主
水平界面	道路界面	道路界面以青石板为主,给人更加直观、强烈的视觉感受

—

街巷的垂直界面大致可从三方面来看,分别为主街建筑界面、次街建筑界面以及巷道建筑界面。对于双桥古镇来说,基于其"一街三巷"的独特结构模式,垂直界面主要为主街界面与巷道建筑界面。

双桥镇主街建筑的界面比较明显的特点是具有一定开放性。因为街市的缘故,沿街建筑多是前店后宅的形式,建筑大多都是用可拆卸的木排门作为店铺的临街门面,店面面宽差距都比较小(图3-20)。

图3-20 双桥镇垂直界面

　　相似的面宽、高度和体量形成了和而不同的主街建筑垂直界面，具有较强的空间连续性，吸引、聚集往来之人。再加上店面的开敞式经营模式，热闹时双桥镇店面内特有的商品飘香，使古镇更具吸引力，充满了商业气息。

　　双桥镇巷道是居民平日出入的交通小道，此界面主要表现为狭窄的道路，两侧为高大的山墙或院墙（图3-21）。建筑的平面也会对巷道两侧山墙产生影响，小巷的折拐、变化、收聚也因此丰富多变。而附和建筑主人的意愿，外墙上不时出现的屋檐、天窗、侧门等也会丰富行走于其中的人的视觉空间。

图3-21　双桥镇巷道

二

双桥镇街巷的水平界面主要为道路，这是承载人们户外活动的主要元素。而人们的水平视野比垂直视野要大，所以道路能给人更加直观的、强烈的视觉感受。不同的道路处理方式可以改变一定空间区域范围内的观感。双桥镇的主要道路一般采用硬质的青石板铺设。相对其他柔性铺地，石板路更加坚固耐磨，且与古镇的排水设计结合，不易产生积水，更加适应街道商业的特点，同时对行人有着一种街道空间连续性的心理暗示（图3-22）。

图3-22　双桥镇道路图

题记："自长桥以至大街;鳞次栉比;春光皆馥也。"也许用明末清初散文家陈贞慧的《秋园杂佩·兰》来形容双桥古镇曾经的繁华是最合适的，直到如今，古镇的建筑依然缓缓叙述着它饱经风霜的过往。

第四章 瓦屋栉比，古韵弥漫

双桥镇建筑具有一定的地域色彩，既体现了当地社会的人文情怀，也体现了镇民建造房屋的一种传统和自然的方式。建筑遗存在古镇中占有极为重要的地位，它是构成双桥镇的基本要素，并代表该地域的建筑文化、社会文化和发展历史。它既是古镇特色价值的集中体现，同时也是文化景观的重要组成部分。正是这些幸存的乡土建筑弥补了当今世界普遍存在的建筑技术和建筑形式过于单一的缺陷。

第一节　类型：和而不同

双桥镇的建筑特征明显，可以从使用功能与空间布局两个方面进行划分。

首先，按照建筑的使用功能分类，双桥镇的建筑主要分为公共建筑、街屋建筑、住宅建筑三大类型（表4-1）。

表4-1 建筑使用功能类型一览表

类型	说明	照片
公共建筑	双桥街97号即为基督教堂，每周均有较多信徒聚会于此做礼拜。建筑内部为穿斗抬梁混合式木质结构，外部墙体为片石垒砌，白灰粉刷，山墙做法为中式卷棚样式，门窗上沿采用西式券顶，体现出中西结合的建筑特色。 古镇北端界山上刘氏宗祠原为古镇重要集会地点，可惜现已拆除建为粮库。双桥街上原有一座小学，现已迁至镇南新址，不在古街之上了	
街屋建筑	双桥街作为传统的商业街，其两侧建筑多以街屋形式存在。街屋按其自身功能布局分类，可分为前店后宅及仓储、前店（坊）后宅类型。双桥街临澴水一侧建筑多为前店后宅及仓储类型，主要由于河运便利，物资量大，所以住宅临河的最后一进天井多为仓储天井布局。而临驿道一侧建筑则多为前店后宅或前店（坊）后宅类型。店宅中往往会另辟一间作坊，或店（坊）沿街并排布置。 古镇的街屋建筑都是两层砖木结构建筑，通常临街的一进为店铺，以后的几进天井院作住宅使用，垂直于街道纵向发展，形成临街小面阔、大进深的平面格局。二楼住人或作仓储，商业功能与居住功能相对独立，又不失联系。街屋多面阔三间，两间或两间以下的较少，临街面用装卸木板门，早卸晚闭，便于做生意	

续表4-1

类型	说明	照片
住宅建筑	古镇住宅类建筑较少，一般建在非临街或商贸薄弱的地段，两至三开间，临街墙用砖砌筑，不同于街屋建筑木板门，一般正门朝向街道，不设双披檐，其平面布局与店铺住宅建筑相同，都是按照具体用地情况因地制宜，灵活布局	

其次，按空间布局分类，双桥镇建筑可分为天井院建筑与合院式建筑两大类（表4-2）。

表4-2 建筑空间布局类型一览表

类型	说明	照片
天井院建筑	双桥古镇多数街屋都有天井院，且多为三进至五进。天井院建筑从空间上划分为店铺、作坊、住宅、仓储等，同时也按封建等级制度区分了住宅内部。天井院不仅解决了小开间、大进深建筑的采光、通风与排水等功能问题，而且有效地利用土地，增加了使用面积	
合院式建筑	教堂建筑即为三合院式，有较为明确的中轴线，建筑布局重心是教堂，后部院落较为宽敞，围合的房屋均为教堂附属用房，现基本已毁	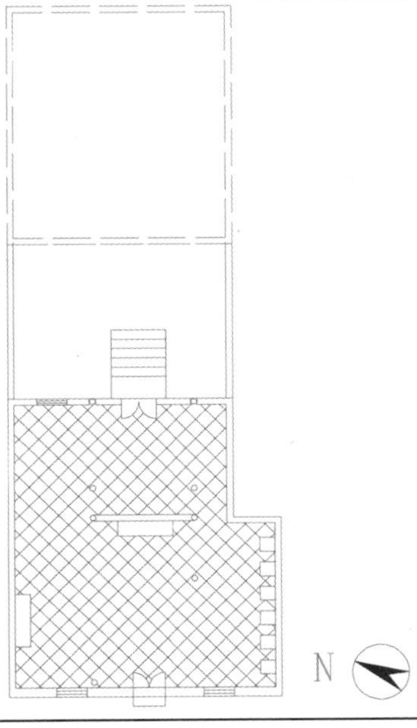

第二节 构架：达变从宜

双桥古镇位于鄂东北山区，属于北亚热带季风气候，具有四季分明、光雨充沛、雨热同期的特点，经过人们长期的实践，形成了极具地域特色的建筑形式与构筑方式，归纳起来主要有以下两大鲜明的建筑特色：（1）灵活多变的平面布局；（2）经济实用的建筑构造。

—

双桥古镇建筑在平面布局上以天井院为单位，采取小面宽、大进深的方式，沿纵深方向展开。但由于古镇地形坡度由东至西逐渐升高，故建造房屋时按坡度的缓陡修筑台阶型地基，使前后建筑在高低不同的台基上，在天井院中用石台阶连接过渡。总的来说，古镇建筑顺应地势，因地制宜，在不改变地形的情况下，做到整体协调统一，充分体现了传统建筑中隐含的节地原则（图4-1~图4-3）。

图4-1 双桥镇局部剖面图1

图4-2 双桥镇局部剖面图2

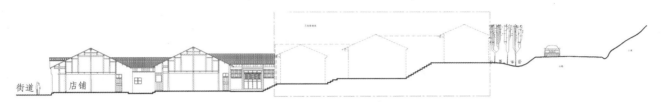

图4-3 双桥镇局部剖面图3

　　双桥镇大多数街屋的沿街面为三开间，少数为五开间或六开间，纵深多在三进以上。街屋主入口选择临街一侧，入口形式比较独特，多采用宽约1m的穿廊作为入口通道。市集时穿廊用铺面门关闭，只开启其余开间铺面。由主街经穿廊进入第一进天井，进入后部住宅范围。后部住宅各进天井之间均通过这种穿廊联系，只是不再设门。这种穿廊做法既能便捷地联系各进天井住宅，又能在临街面减少商铺面积的损失（图4-4、图4-5）。

图4-4 临街穿廊入口

图4-5 宅间穿廊

二

　　双桥古镇屋架系统的普遍做法是穿斗式，少数大宅为穿斗抬梁式。当地穿斗式做法多是直接将檩条搁在两侧山墙上，山墙上缘留有凹洞，檩木可插入墙体，屋顶的重量直接由檩木传至承重墙，而这承重墙同时也是两间相连房屋的共用墙（图4-6）。穿斗抬梁式做法是将梁插入两端的瓜柱柱身中，层层叠加，最外端两瓜柱骑在最下端的大梁上，大梁两端插入前后檐柱柱身（图4-7）。两种做法均以梁承重并传递应力，檩条直接压在檐柱和各短柱的柱头上，部分梁柱仅起拉接作用。当地穿斗式做法屋架构件均较粗厚。

图4-6　穿斗式建筑屋架搭檩

图4-7　穿斗抬梁式建筑屋架

　　古镇的墙体主要有木板墙、空斗砖墙两种。一般建筑沿街面墙体为木板墙，建筑的山墙和后墙为灌斗砖墙（当地也称补皮墙），砖的尺度与砌筑方式多样（图4-8、图4-9）。空斗砖墙厚重，冬暖夏凉，隔热防火。

图4-8　镶思式灌斗山墙砌筑

图4-9　灌斗墙细部

双桥古镇建筑大都采用硬山形式,山墙部分多有墀头,屋面出挑,保护临街面木板墙身不受雨水侵蚀。屋面没有起翘和弧度,且坡度较缓,利于排水。相邻两户的街屋通常共用一道山墙,从而形成了连绵不绝的沿街界面。同时屋脊都大致对应,从空中俯视,建筑群的肌理相当清晰:延续不断的双坡顶由街道两侧向外排列,屋顶的纵列又以分户墙相隔,整体呈纵向连贯、横向分割的格子状肌理。这种肌理特征以沿街的前三进表现得更为明显。同山共脊的拼合方式也形成了邻里之间风险共担、休戚相关的心理意识(图4-10)。

图4-10 同山共脊

第三节　特征：以简御繁

双桥镇独特的自然环境条件与人们的生活需求共同决定了古镇独具一格的建筑风格，相应地，建筑也具有了一定的适应性特征。

一

双桥镇的街巷结构决定了其建筑以东西为主要朝向。背街立面显得相对封闭厚重：墙体厚约50cm，均采用大部片石垒砌，上部2～3层采用灌斗墙体与屋檐相接的做法。每户后墙上不开窗，极少开门洞，即便开门洞，宽度也不足1m。背街立面的外部形式主要是出于安全考虑，以防盗匪为主要目的。墙厚窗小的构筑方式还可使室内保持相对稳定、适宜的温度，同时也适应于双桥镇当地冬冷夏热的气候特征（图4-11）。

图4-11　背街宅门

二

传统建筑的屋顶是热工性能的薄弱环节，单层布瓦屋面的隔热和保温性能不佳，而且和外墙相比，屋顶的面积更大，因此屋顶对建筑热工性能的影响更明显。双桥镇的建筑通常是一层带阁楼式，阁楼起到了良好的隔热间层的作用，同时阁楼东西两侧设有开口，通过空气对流可以带走阁楼中的热空气。阁楼在隔热通风，改善建筑小环境的同时，又具有一定的储藏功能和一定的实用性（图4-12）。

图4-12 阁楼

三

天井院是双桥古镇的一大特色。与湖北传统民居相似，双桥古镇的建筑都带有天井，只是其第一、二进天井面积较大，已形成天井院格局。不同于北方院落，双桥古镇天井院进深较小，横向延展较开，它既具有天井的拔风效果，又有堆场、小晒场功能，同时还是一家人聚集休憩的场所。在双桥当地，通过在院内设置台阶，天井院还能起到调节高差，整合全局的作用（图4-13）。

图4-13　天井院

四

　　传统民居的密集建造是有组织的密集建造，有组织的密集建造兼具遮挡和通风的优势。通过建筑整体的合理布局形成通道，组织良好的通风，迅速带走热量。而古镇双桥街两侧建筑物同山共脊的拼合方式，十分有利于天井内热空气的排放。由于共脊的拼合方式，天井纵向成一线，而两侧的坡屋顶恰好形成空气通道，从而迅速带走经由天井上升的热空气。

第四节　特色：叙说回忆

　　传统的中国古镇基本以家庭为中心，由同一血缘的家庭组合形成宗族。同时"家庭"也是古镇构成的基本单位，由一家而形成的院落组合成为古镇的基本结构。刘氏氏族所组成的"家庭"即是双桥镇的文化基本单元，亦是其血嗣繁衍，发展的源泉所在（附刘氏宗谱[1]见图4-14~图4-16）。

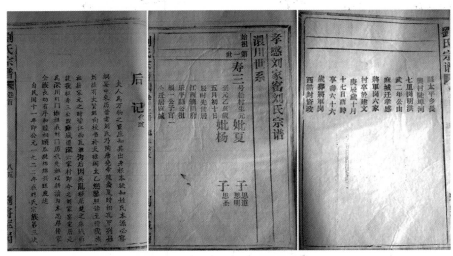

图4-14　刘氏宗谱（一）

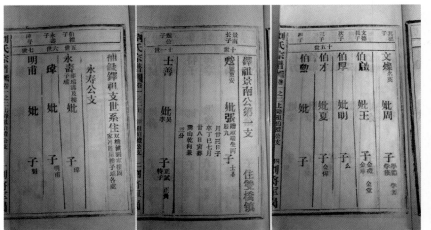

图4-15　刘氏宗谱（二）

图4-16　刘氏宗谱（三）

---

[1] 摘自双桥镇的"刘氏宗谱"。

—

对于双桥古镇来说，双桥街73号刘氏族长宅、双桥街85号刘宅与基督教堂是其独有的符号，承载着古镇无尽的回忆。

双桥街73号刘氏族长宅临濑水一侧，为四进三天井建筑。从空间上划分建筑为店铺、住宅、仓储三部分功能区（图4-17）。刘氏宗族在清代为双桥镇大地主，镇域内土地多为刘姓所有。族长宅院位于镇北，靠近北端石桥处，其空间序列为临街堂屋（后改为店铺）→天井院→卧房→天井院→佣人房以及天井。序列内均为三开间建筑，第一进天井院两侧为厢房，第二进天井院两侧为厨房、储物间等功能房间。两层砖木结构，明间与两次间宽窄相近，其中明间梁架为抬梁式。二层阁楼高度适中，适于居住与仓储，木楼板保存完好，且立面设窗，便于采光通风。屋顶布瓦，山墙墀头做法较为精细（图4-18~图4-24）。

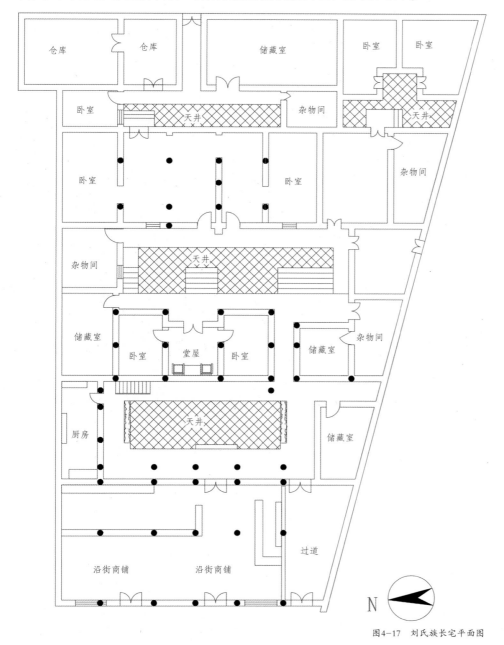

图4-17　刘氏族长宅平面图

图4-18　刘氏族长宅第一进天井院　　　　　　　　　　　　　　图4-19　刘氏族长宅第二进天井院

图4-20　刘氏族长宅第三进天井院

图4-21　埠头布瓦

图4-22　刘氏族长宅抬梁托斗

图4-23 刘氏族长宅驼峰木雕

图4-24 刘氏族长宅挑檐穿枋

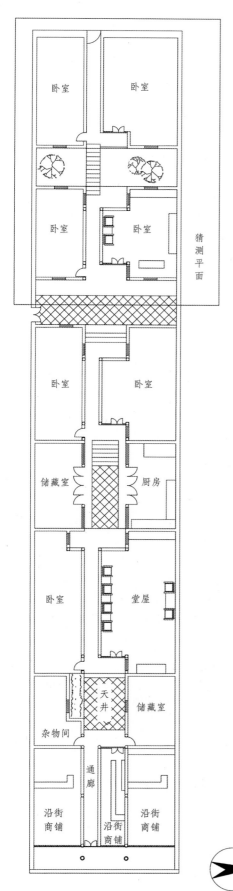

卧室　卧室

卧室　卧室

猜测平面

卧室　卧室

储藏室　厨房

卧室　堂屋

天井　储藏室

杂物间

通廊

沿街商铺　沿街商铺

沿街商铺

N

图4-25　85号刘宅平面图

二

　　双桥街85号刘宅背依驿道，原为六进五天井建筑，现仅存四进两天井（图4-25、图4-26）。临街一进建筑为商铺，街廊格局，穿廊为入口，木板门墙，外部形象呈现出轻盈明快的效果（图4-27、图4-28），这与沿街店铺作坊的商业功能需求相吻合。第一进天井两侧披屋为作坊，天井狭小；二进建筑以后均为住宅，临驿道一进建筑为佣人房，外墙厚重，未开窗，带有极强的防御性（图4-29、图4-30）。多重天井依山就势，良好地区分了店铺、作坊与住宅的功能，同时也按封建等级制度区分了住宅内部。

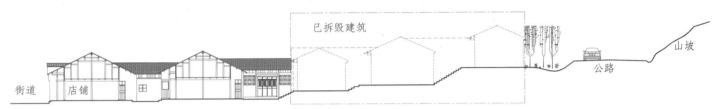

图4-26 85号刘宅剖面图

图4-27 85号刘宅街廊

图4-28 85号刘宅穿廊

图4-29 85号刘宅背街墙

图4-30　85号刘宅背街墙门洞

三

　　双桥街97号即为基督教堂，合院式布局，建筑内部为穿斗抬梁混合式木质结构，外部墙体为片石垒砌，白灰粉刷，山墙做法为中式卷棚样式，门窗上沿采用西式券顶，体现出中西结合的建筑特色（图4-31~图4-35）。

图4-31　基督教堂

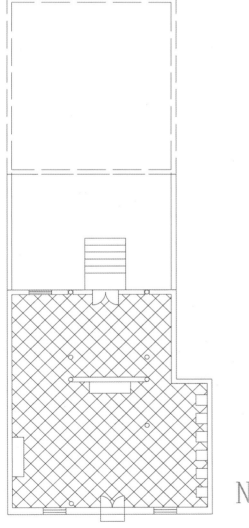

图4-32 教堂细部

图4-33 教堂平面示意图

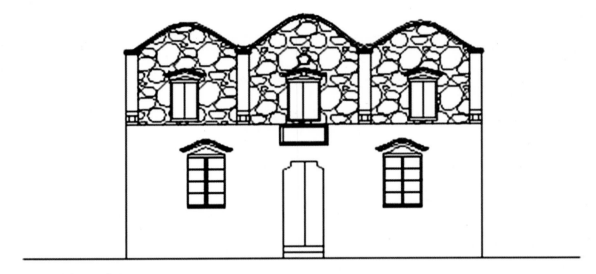

图4-34　教堂立面示意图

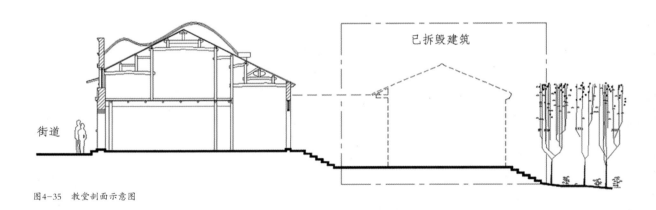

已拆毁建筑

街道

图4-35　教堂剖面示意图

　　传统民居建筑反映了该地域的建筑文化、社会文化和发展历史，是原住居民生活文化的真实载体。根据当地的地理环境和气候特点，经过双桥古镇居民长期的实践，形成了极具地域特色的建筑形式与构筑方式。其建筑按建筑功能分为：公共建筑、街屋建筑、住宅建筑；而按空间布局分为：天井院式、合院式。双桥古镇的建筑有着鲜明的鄂东北民居风貌，如：顺应地势高差变化的灵活布局，为增加使用面积而产生的穿廊，沿街立面和背街立面的外部形象反差等,这些特点都是在古镇特殊的自然地理条件、经济状况、地方民俗文化的共同作用下形成的。

题记：山色如黛，树木葱茏，连绵的山脉，葳蕤的草木。暮色中，潺潺流动的漫水从桥下经过，薄凉并夹带着些许雾气。双桥镇因桥得名、由桥而兴，时至今日，石桥或许依然连接着古镇的过去与未来，承载着古镇百姓的希望与梦想。

第五章　蹈机握杼，存古兴今

历史小城镇的特征集中体现在镇区及其所蕴含的传统文化之中，其发展的一个基本因素是老镇区的保护和延续，而老镇区的保护又与发展关系密切。双桥古镇是鄂东北地区具有良好生态环境和传统文化风貌的历史小城镇，它有着丰富的自然景观和历史人文景观，保存着一定规模的历史建筑，反映了一定历史时期的地方特色。经济的发展和城镇化进程的推进使古镇的保护与发展面临矛盾。希望通过对双桥镇的物质要素和非物质要素的评价，总结古镇的风貌特色和历史价值，在此基础上提出古镇的保护和发展构想，并对双桥历史小城镇未来的发展做出相应的探索性规划构想，以期对双桥镇未来的发展提供一些建议与启示。

第一节　现状与分析

双桥镇现状可从自然环境、人文环境与人工环境三方面来进行分析，具体见表5-1。

表5-1　双桥镇现状

自然环境		人文环境		人工环境	
山体	界山是古镇天然的屏障	区域文化	受赣文化影响,但损坏严重	建（构）筑物	天井院建筑、合院式建筑
水体	澴河流经古镇	风水	藏风聚气、浑然天成、负阴抱阳、背山面水	交通	镇内省道大安线纵贯南北，京珠高速擦境而过
气候	北亚热带季风气候区，四季分明	血缘	刘氏宗祠已不在	广场	没有较大的聚集广场
石桥	古石桥只存遗迹，已新建大桥	人口	外出务工人员较多，老少妇孺留守	街巷	一街三巷，依当地地形坡地而建
农田	与水塘相结合，呈现出一派丰富多变的田园景象，也维持着现居村民的生计	革命传统	"双桥镇大捷"优秀的革命精神仍在传承	公共设施	无垃圾回收站，电线裸露，排水系统不完善，没有停车场，没有消防设施，通信不发达
景观	山、河流、农田、植被、街道、埠头、建筑等，形成多景观界面				

了解现状之后，对双桥古镇的分析则主要从物质要素、非物质要素与历史价值三个方面来入手。

古镇的物质要素主要分为古镇的空间形态、古镇的穿廊、古镇的建筑与构筑物及古镇的景观建筑四大要素。首先是古镇的空间形态，双桥古镇西侧背依界山，东侧面向澴水。主镇区自南北朝时期从北端石桥附近开始建设，沿界山下古驿道与澴水之间的南北方向主街逐步向南端石桥发展，形成了"界山·驿道"与"桥·河·街"的空间形态。其次是古镇的穿廊，穿廊是双桥镇最具特色的空间形式，既是对古镇商贸功能和当地气候条件的适应，同时也是地域文化的体现。然后是古镇的建（构）筑物，双桥古镇建筑的类型多样，建筑形态颇具特色。依平面布局划分为天井院式和合院式等建筑形态。其中街屋是古镇最具特色的建筑类型，同时又是窄面宽、大进深民居的典型范例。按建筑的功能划分，老镇区又有公共建筑、街屋建筑和住宅建筑，可惜其中相当一部分已毁。古镇的南北门楼仅存南门门柱。标志双桥镇缘起的两座古石桥仅存遗址，现北桥原址上已新建多跨拱桥。最后是古镇的景观建筑，也是比较重要的一大物质元素，古镇的景观构成要素有山、河流、农田、植被、街道、埠头、建筑等。其中山体、河流、农田、植被作为自然要素是古镇景观构成的背景：古镇西侧的界山形成古镇层次丰富的天际轮廓线；澴河及其河滩作为古镇东侧景观轴，很好地串联起古镇的各处景观，并与山岗、建筑、农田、水塘相结合，呈现出一派丰富多变的田园景象。街道和建筑作为构成古镇景观的主体，与其背景景观相结合，构成完整的古镇景观体系：街道与建筑走势和山水走势一致，建筑轮廓线和山峦轮廓线呈平行关系，而建筑物山墙墀头的延续又提供了节奏的跳跃感和韵律感，体现了人与自然的融合。

古镇的非物质要素则从历史人文与革命传统两个方面进行分析，具体见表5-2。

表5-2　双桥镇非物质要素分析表

非物质要素	分析
历史人文	双桥古镇虽不像某些古镇拥有诸多名人贤士，但其周边独特的田园风貌，镇区内作坊体现的小手工业态以及每到黄昏隐隐传来的圣经的念诵，都能让人感受到古镇那浓浓的人文气息
革命传统	双桥古镇既是历史古镇，同时也是著名的革命根据地。在鄂豫皖苏区革命斗争史上，双桥镇有其光辉的一页。1931年，红四方面军于双桥镇全歼敌军第34师，取得了著名的"双桥镇大捷"，为苏区的稳定发展奠定了基础

古镇的历史价值则从两个方面来看，具体见表5-3。

表5-3　双桥镇历史价值分析表

历史地位	分析
作为区域内的重要市集	双桥镇自明末清初以来就是大悟地区的重要市集和商埠码头。紧邻着驿道，澴河上水路交通发达，造就了古镇商业的繁荣。古镇也是鄂东北重要的商贸中心，它与二郎店镇（今大悟县城）相辅相成，连通孝感重要古镇小河镇，共同服务于其周边城镇
作为兵家必争之地	双桥镇紧邻古驿道，南北两端又有作为水路重要枢纽的两座桥梁，其地理位置使得它历来就是军事争夺的要冲。红四方面军的"双桥镇大捷"、"中原突围的"集中突破口都体现了双桥古镇在军事上的重要性

双桥古镇的选址和格局是自发形成，但和自然环境结合紧密，暗合于中国传统的选址和规划布局理念。古镇虽然日益萧条，但整体空间形态和街巷结构依然存在。其建筑无论是建筑群的组合，还是建筑单体的平面布局、外观形态与构造都有着较强的地域特色，并能较完整地反映明清时期的传统风貌，具有一定的历史、文化、艺术和科学价值。

第二节　问题与弊端

双桥镇历史悠久，但随着现代社会的发展，古镇面临的问题与弊端也越来越多（表5-4）。

表5-4　双桥镇主要问题与弊端分析表

问题与弊端	内容
建筑老化	据初步调查估计，现有民居大部分为清朝、民国时期修建的砖木结构房屋，时间最长的达100年以上，其中有一部分已属危旧房屋。由于年久失修，其结构和设施已超过其使用年限，结构有所破损，设施陈旧、简陋
内部设施不足	建筑内部功能布局比较凌乱，户型不成套，私密性差。由于缺少厨卫用房，有些居民在背街地带搭建砖混或其他结构的简易厨房。大部分街房室内光线较差，部分房间尤其是卧室通风状况不佳，不能满足现代生活要求，居民感到诸多不便
无序现象	部分先富起来的居民开始改造老房子和修建新房，在布局上见缝插针，这些新房在高度上显得突兀，大多数采用白色面砖作为外墙装饰材料。新民房在高度、布局、建筑材料等各个方面与传统建筑很不协调，无地方特色可言。为了满足自身的居住要求，居民自发进行小规模改建的现象普遍。但由于并非是有组织、有指导的保护意义上的改建，所以并没有起到维持传统风貌的作用

另外，双桥古镇具有独特的带状结构、独特的街道空间肌理与复杂的木结构古建筑，因此在消防设计的策略上更加需要有别于一般的城镇区，在维护其原始构架的基础上，充分利用现代消防技术，尽可能灵活地为古镇的消防提供安全保障。

第三节　保护与发展

随着社会经济发展与城镇化进程的加快，双桥镇的保护工作迫在眉睫，但也面临着愈来愈多的问题和矛盾。单凭传统的历史保护观念难以有效地解决这些问题和矛盾，迫切需要探寻适应现代社会发展规律的古镇保护方法与体系，以促成双桥镇的有效保护与可持续发展。结合现状，可从自然环境与人工环境两个方面进行保护。

一

自然环境是古镇赖以存在的物质基础，在古镇长期的发展过程中，自然环境已渐渐融入古镇的总体格局中，成为历史环境重要的组成部分，作为古镇的背景，自然环境必须纳入古镇的保护体系中来。其具体的保护措施有：（1）保护界山山体的完整性，注重山体绿化，保持山体景观的视线；（2）加强澴河河道河滩整治，保证河流的通畅，河滩的整洁。

老镇的个性取决于它的体形结构和社会特征。作为空间艺术的建筑物与城市环境，离开了内部的人文活动，就意味着丧失了许多重要的历史信息。所有能说明古镇社会和民族特性的人文活动都必须保护起来。其具体措施包括展示古镇、古驿道文化和当地的人文历史和风俗，展示革命传统教育，对较能反映古镇历史的建（构）筑物以及相关的历史环境进行标志和说明。

二

人工环境保护是古镇保护的一个重要内容，需要从古镇格局、街巷空间及传统建筑的保护三个不同方面，结合现代生活需求来实施保护（表5-5）。

表5-5　双桥镇保护结构表

保护方面	内容	
古镇格局	保护范围的划分	合理划分保护区
		建设控制地带
		确定环境协调区
	地形地貌的保护	山体、水体的保护
		视线的保护
		田园风光的保护
	空间格局的保护	延续山水结构
		新老镇区隔离
街巷空间	街巷空间尺度	
	街巷立面	
	街巷铺地	
传统建筑	保护整治模式的选择	
	建筑高度的控制	
	建筑色彩、形式和体量的引导	

首先，从古镇格局上讲，延续古镇空间形态非常重要。对双桥古镇聚居环境来说，地形地貌、河流水系、气候等自然地理环境所产生的强大的"自然力"作用，是影响其空间形态生成的主导因素，并使建成环境带有鲜明的地方特色，它充分体现了当地居民与自然环境互为依存的密切关系。因此，延续古镇的"界山·驿道"与"桥·河·街"的格局也是对当地镇民生活方式的一种延续。

与此同时，在古镇区的南端和北端各发展新区，形成了三大区域：以明清古街为中心的历史城镇保护区、位于北端的特色产品加工区、位于南端临近京珠高速公路互通口处的商贸区。古镇区的功能定位以传统商贸业、手工业、旅游业和居住为主，南片的商贸区作为古镇区商贸功能的延伸，结合大悟县城的商贸集散能力，共同打造经济增长点。在商贸区与古镇区之间加强保护性控制，使得商贸区和古镇区既相对独立，又相互联系成为一个整体，商贸区的发展建设为古镇注入了新的活力。

其次，根据古镇现状特色，对历史文化街区和建设控制地带进行保护（表5-6）。

表5-6 双桥镇保护范围划分表

范围划分	内容
历史文化街区	（1）古镇区具有传统商肆风貌的双桥街，双桥街两侧是由具有典型民居风貌的街屋所形成的传统民居区； （2）以滠河、河滩及对岸田园为主要景观方向，由民居、巷道、桥和河滩构成的河滩景观区，是传统商肆住宅区向外的延伸，从另一个侧面反映了当地镇民的日常生活形态； （3）以界山以及梯田为次要景观方向，由界山、梯田构成的登高景观，提供全面领略古镇人文景观和外部田园景观的观景区域
建设控制地带	在滠河东侧的耕地，在滠河西侧指界山以东（含界山）的区域，在镇北侧则是堆场以南，镇区南端则是新小学校以北。在古镇区总体空间格局完整的基础上，要做到南北两端新镇区建筑风貌与老镇区的协调。在规划中应尽量限制多层建筑的发展，将建筑体量控制在2~3层之内

最后，由于双桥镇历史悠久，整体生活配套设施不足，需要从完善古镇管网设施、增设公共设施及场所和全面增强消防措施三个方面来提升古镇的生活宜居性。

（1）完善古镇管网设施

供水方面尊重原来居民的生活习惯，采用地下水井水源，整体规划给水管道及路线，统一采用金属内衬PPR复合管材作为供水管道，完善配水管网，提高供水的稳定性。同时依据街道巷道宽度选取合适的管径，注意主要立面管道的隐蔽处理。排水设施方面以疏浚原有院落自排水系统为主，清理排水暗沟及集水井，对局部坍塌损毁沟渠进行原样修复，恢复其主体院落排水功能。同时对于排水能力严重不足的区域进行补充排水管道建设，小规模的以暗沟形式布置，努力杜绝地表任意排水、积水内涝等现象的发生，保证村落的排水通畅。考虑到其木构架建筑的防火问题，应对村落原有的老旧电力系统进行一次彻底的排查与检修，对于不符合《住宅建筑电气设计规范》（JGJ 242—2011）的现象予以及时更改。所有电气管线入户后应采取明线铺设，外套阻燃塑料管的方式，同时走线应沿着墙、柱、梁角处，外面以槽板框盒覆盖，槽板外刷与室内建筑材料背景相同色调的油漆，做隐蔽处理。以户为单位，安装必要的空气断电保护器、烟雾报警器等保障预警设施，最大限度地消除木构架建筑的火灾安全隐患。

加强双桥镇的电力通信设施的配置建设。考虑到村落内街道狭窄、局部高差较大，故在主街采取多线路结合的方式埋地敷设管沟，并预留适当管孔，以满足未来发展各类增值业务的需要。在巷道及入户道路间，由于条件限制，可采取电信管线紧贴建筑外墙在地上敷设的方法，外以槽板框盒覆盖，并做相应的隐蔽处理。同时积极地推进村落的电信通信发展与政府"村村通"广播电视工程相结合，采取多种广播电视技术手段，努力提高双桥镇的电信通信发展水平。

（2）增设公共设施及场所

随着人们对居住生活便利性要求的提高，应充分重视对公共厕所的集中改造。以村落居民的使用习惯及居民使用的蹲位数量要求为参考，考虑在村落主街前端、后端以及主体建筑群西侧分别设置三个小型公共厕所，连同公共厕所周边绿化景观进行遮蔽处理，建筑风格上与古镇传统建筑风貌协调一致。

对古镇公共垃圾收集处理系统进行统一规划，在加强居民生态环境保护意识的基础上，做好垃圾收集处理设施的合理布局。首先，将主街尾端的垃圾收集池改为封闭式垃圾收集点，同时在村落主街前段加设一处垃圾收集点，每天及时集中运走，保证其辐射范围基本覆盖村落主体建筑群区域；其次，考虑在从古镇入口处延伸至主街道路段以及主体建筑群内巷道，以80m为间隔设置小型垃圾收集箱，在外形装饰上考虑利用当地石材、青砖进行点缀，体现村落公共景观设施的生态性、自然性。

考虑到古镇内建筑、巷道及主街街道尺度都比较小、复杂程度较高，因此可以采取在主街道路上以25m间隔错位交替布置小型杆灯，巷道之间以及局部的小广场区域点状布置小型石灯座，在装饰材质上以仿木纹铝钢为主，与传统村落古朴、自然的风貌相得益彰。增设活动广场供村民集中活动和交流，也供外来游客驻足停留和小憩，能有效提升古镇活力值。

（3）全面增强消防措施

参考《建筑设计防火规范》（GB 50016—2014）中的规定，双桥古镇主街以4m的最小宽度来设置以满足消防通道最小净宽要求，同时在村落西面尾端应考虑预留足够面积的隐形回车场地。因消防车的供水范围及水带工作长度等多方面的因素限制，考虑在主街道及主要院落巷道内每隔120m设置室外消火栓。消防用水及水池蓄水则就近由村落前的风水塘供水解决，同时通过严格控制村落入口处的小型水闸保证风水塘合理的蓄水水位。另外，对村落中的重要文物保护单位及易失火的建筑，应进行仔细的防火灾排查，将易燃堆放物与违章搭建易燃构筑物清除，同时也可配合地在院落中放置储水缸，以便灵活应对突发火情。

第四节　旅游与开发

双桥古镇除了有效的保护之外，长期保持古镇的活力也是非常重要的课题。对于富有自然资源及革命文化特色的古镇来说，有效地、可持续地深度挖掘其旅游资源无疑是首选举措。

一

双桥镇的物质资源非常多样化，其整体空间形态、街巷结构、街道和建筑基本保留了明清时的风貌。街道和建筑无疑是古镇旅游物质资源的主体，同时古镇周边的自然山水与古镇融为一体，也是古镇旅游可以充分利用的资源。

作为一个独立的、人口又相当集聚的地域，双桥镇的物质资源是其重要组成部分。作为具有相当历史的商贸古镇，双桥镇在其长期的发展过程中形成了自身的文化传统，因而也就有了颇具特色的旅游商品和人文活动；同时，作为近代革命史和军事史上重要的节点，其红色旅游资源也有较大的开发价值。

作为保存较完好的古镇，双桥镇不仅有明清古街、街屋这些历史人文类旅游资源，还有"双桥大捷"、"中原突围"这些红色革命传统资源。同时，古镇所依托的环境也是其重要的自然旅游资源，如镇区内有滠河河滩、界山梯田等自然景观，滠河对岸有丰富的田园景观，这些自然旅游资源是很好的背景或辅助。同时这些自然景观往往与当地的人文历史与传说结合在一起，使游客产生走进双桥镇历史的感觉。

二

双桥镇北上可达号称"中原雄关"的旅游胜地武胜关，东侧的大悟宣化店镇、红安七里坪古镇是湖北精心打造的革命传统教育基地，双桥镇可以与这两个旅游区域进行合作，加强小河旅游区位的优势。京珠高速公路途经双桥古镇，为全封闭、全立交高速公路，路线平顺，路基稳定，路面平整舒适，道路两旁自然景观优美，这使得双桥镇的旅游交通更加便利，客源市场也因此扩大。

古镇的旅游开发构想可以以双桥古镇为依托，充分挖掘双桥镇周边优美的自然山水，形成"一点四面"的较完整的旅游结构体系，即以古镇老街为主要旅游点，组织四个相关旅游方面：明清古街风貌旅游方面、界山登高踏青旅游方面、滠河河滩赏景旅游方面及农家生态旅游方面（表5-7）。

表5-7　双桥镇旅游开发表

开发构想	内容
明清古街风貌旅游	以保持明清风貌的双桥街为主景区，在古街入口建设停车场，禁止大中型机动车进入，游客采取步行游览的方式进入双桥街；南北城门楼、刘氏族长宅、基督教堂等可设为沿线景观点；恢复店铺作坊，清理滠河河滩，恢复原有码头，形成滠河水路游线。双桥镇原刘氏宗祠应予以恢复，同时应规划未来要完善的建筑群及配套设施，以保证旅游线路的顺畅和有序
界山登高踏青	以保留部分梯田的界山为主景区，在不破坏梯田地的情况下增补石板登山步道，设置多处观景休息平台，使界山成为既能登山的旅游点，又能观看古镇风貌、蜿蜒的滠河和广袤的田园的观景点
滠河河滩赏景	以滠河河滩为主景区，清理滠河河滩、河道，恢复部分码头，形成多处戏水平台。利用卵石铺砌健康步道，利用河湾形成天然游泳场，使滠河河滩既能成为领略两岸自然人文景观的观景点，又能具有自身旅游价值
农家生态旅游	以古镇周边现有民居为主体，规划具有当地特色的农家餐饮住宿区域，适当结合当地农业特色打造农家生态旅游线路

第五节　总结与展望

古镇是研究原住居民生活文化的珍贵资料，是一笔失去了不能再生的财富。古镇传统街巷结构与历史建筑作为镇区历史文化的重要载体，其保护与发展不可忽视。

双桥古镇的物质形态具有独特的地域性，受到区域环境、气候、地形以及地域文化的影响，并在古镇空间形态、街巷结构和建筑特色中得到体现，如双桥镇区的带状延伸一方面是由于其商贸功能的需求，另一方面受到周围山、水等自然环境的制约。这种地域性在街巷空间形态、建筑样式中也有体现，如古镇最具特色的天井院和穿廊的营建，又如沿街的街屋面宽很窄、纵深极长，其成因也与古镇的商贸功能相关联，临街面需求越高的地段，其产权地块的纵深与面宽比往往越大，形状越窄长。因此通过对双桥古镇物质形态的研究，可以分析和总结自然环境条件和地域文化因素对古镇布局、街巷结构、建筑形式和构造的影响，以此作为湖北古镇地域性研究的一个较为典型的案例，并使我们在以后的小城镇规划和建筑的设计实践中加以思考和借鉴。

近几年来，对历史小城镇的保护研究从未停止过，但如何寻找到一条将保护与发展很好地结合，使历史小城镇的保护与发展走上良性循环，两者相互促进的道路，这是一个非常广博的课题，涉及诸多领域，涵盖面非常宽泛。唯有从地理学、城市规划、建筑学、保护发展等多学科角度出发，融以诸多学科，与政策法规、公众参与密切联系，才能把握好研究的科学性与正确性。本书试图从双桥古镇保护与发展的个案研究中，寻找有关历史小城镇保护与发展的理论、方法和途径，以期能够为当今国内的历史小城镇的保护与发展的理论和实践工作提供参考。

参考文献

[1] 朱希白修，沈用增纂. 光绪孝感县志（校注本）[M]. 武汉：湖北人民出版社，2013.

[2] 湖北省大悟县地方志编纂委员会. 大悟县志[M]. 武汉：湖北科学技术出版社，1996.

[3] 大悟县地名领导小组. 湖北省大悟县地名志[M]. [出版者不详]，1983.

[4] 湖北省地方志编纂委员会. 湖北省志·交通邮电[M]. 武汉：湖北人民出版社，1995.

[5] 汪朝光. 湖北风物志[M]. 武汉：湖北人民出版社，1982.

[6] 宁越敏，张务栋，钱今昔. 中国城市发展史[M]. 合肥：安徽科学技术出版社，1994.

[7] 孙大章. 中国民居研究[M]. 北京：中国建筑工业出版社，2004.

[8] 北京市规划委员会. 北京旧城二十五片历史文化保护区保护规划[M]. 北京：北京燕山出版社，2002.

[9] 中国科学院自然科学史研究所. 中国古代建筑技术史[M]. 北京：科学出版社，1985.

[10] 吴晓勤，等. 世界文化遗产——皖南古村落规划保护方案保护方法研究[M]. 北京：中国建筑工业出版社，2002.

[11] 张良皋. 乡土中国——武陵土家[M]. 北京：生活·读书·新知三联书店，2001.

[12] 刘杰. 乡土中国——泰顺[M]. 北京：生活·读书·新知三联书店，2001.

[13] 陈志华. 乡土中国——楠溪江中游古村落[M]. 北京：生活·读书·新知三联书店，2001.

[14] 楼庆西. 中国古建筑二十讲[M]. 北京：生活·读书·新知三联书店，2001.

[15] 高介华，刘玉堂. 楚国的城市与建筑[M]. 武汉：湖北教育出版社，1995.

[16] 罗哲文. 中国古代建筑[M]. 上海：上海古籍出版社，2001.

[17] 中国城市规划学会. 名城保护与城市更新[M]. 北京：中国建筑工业出版社，2003.

[18] 罗小未. 上海新天地——旧区改造的建筑历史、人文历史与开发模式的研究[M]. 南京：东南大学出版社，2002.

[19] 荆其敏. 中国传统民居[M]. 天津：天津大学出版社，1999.

[20] 宋昆. 平遥古城与民居[M]. 天津：天津大学出版社，1999.

[21] 潘新藻. 湖北建置沿革[M]. 武汉：湖北人民出版社，1987.

[22] 费孝通. 江村经济——中国农民的生活[M]. 北京：商务印书馆，2001.

[23] 阮仪三. 江南古镇[M]. 上海：上海画报出版社，1998.

[24] 何依. 中国当代小城镇规划精品集——历史文化城镇篇[M]. 北京：中国建筑工业出版社，2003.

[25] 李富政. 巴蜀城镇与民居[M]. 成都：西南交通大学出版社，2000.

[26] 陈志华，楼庆西，李秋香. 诸葛村——中国乡土建筑[M]. 重庆：重庆出版社，1999.

[27] 张仲礼，熊月之，沈祖炜. 长江沿江城市与中国近代化[M]. 上海：上海人民出版社，2002.

[28] 段进，季松，王海宁. 城镇空间解析——太湖流域古镇空间结构与形态[M]. 北京：中国建筑工业出版社，2002.

[29] 单德启. 中国传统民居图说——徽州篇[M]. 北京：清华大学出版社，1998.

[30] 单德启. 中国传统民居图说——桂北篇[M]. 北京：清华大学出版社，1998.

[31] 单德启，卢强. 中国传统民居图说——越都篇[M]. 北京：清华大学出版社，1998.

[32] 洪铁城. 东阳明清住宅[M]. 上海：同济大学出版社，2000.

[33] 张彤. 整体地区建筑[M]. 南京：东南大学出版社，2003.

[34] 阮仪三，王景慧，王林. 历史文化名城保护理论与规划[M]. 上海：同济大学出版社，1999.

[35] 史建华，盛承懋，周云，等. 苏州古城的保护与更新[M]. 南京：东南大学出版社，2003.

[36] 刘延枫，肖敦余. 低层居住群空间环境规划设计[M]. 天津：天津大学出版社，2001.

[37] 张复合. 中国近代建筑研究与保护（一）[M]. 北京：清华大学出版社，1999.

[38] 王瑞珠. 国外历史环境的保护和规划[M]. 台北：淑馨出版社，1993.

[39] 高寿仙. 中国地域文化丛书——徽州文化[M]. 沈阳：辽宁教育出版社，1998.

[40] 李其荣. 城市规划与历史文化保护[M]. 南京：东南大学出版，2003.

[41] 王振中. 徽州社会文化史探微[M]. 上海：上海社会科学院出版社，2002.

[42] 刘致平. 中国居住建筑简史[M]. 王其明增补. 北京：中国建筑工业大出版社，1990.

[43] 陈国灿，奚建华. 浙江古代城镇史研究[M]. 合肥：安徽大学出版社，2003.

[44] 段进. 城市空间发展论[M]. 南京：江苏科学技术出版社，1999.

[45] 彭一刚. 传统村镇聚落景观分析[M]. 北京：中国建筑工业出版社，1994.

[46] 马洪路. 漫漫长路行[M]. 济南：济南出版社，2004.

[47] 陆元鼎. 中国传统民居与文化（第二辑）——中国民居第二次学术会议论文集[M]. 北京：中国建筑工业出版社，1992.

[48] 颜纪臣. 中国传统民居与文化（第七辑）——中国民居第七届学术会议论文集[M]. 太原：山西科学技术出版社，1999.

[49] 易伯，陈凡，刘炜. 因茶而兴的湖北古镇——赤壁羊楼洞[J]. 华中建筑，2005，23（2）：138-142.

[50] 易伯，董争俊，刘炜. 因渡而兴的湖北古镇——监利周老嘴[J]. 华中建筑，2005，23（3）：

155—158.

[51] 赵勇，张捷，章锦河. 我国历史文化村镇保护的内容与方法研究[J]. 人文地理，2005，20（1）：68—74.

[52] 刘浩. 苏州古城街坊保护与更新的启示[J]. 城市规划学刊，1999（1）：78—79.

[53] 陆祖康，相秉军. 苏州古城街坊改造的实践探索[J]. 城市规划学刊，1999（2）：65—69.

[54] 汪志明，赵中枢. 英国历史古城保护规划的发展和实例分析[J]. 国外城市规划，1997（3）：15—18.

[55] 王娟，王军. 中国古代农耕社会村落选址及其风水景观模式[J]. 西安建筑科技大学学报（社会科学版），2005，24（3）：17—21.

[56] 单德启，郁枫. 传统小城镇的保护与发展刍议[J]. 建设科技，2003（11）：38—39.

[57] 王雅捷. 历史街区保护的理论与实践——屯溪老街保护规划十六年来的探索[D]. 北京：清华大学，2001.

[58] 杨果. 宋代江汉平原城镇的发展及其地理初探[J]. 武汉大学学报（人文科学版），1998（6）：109—113.

[59] 任放. 明清长江中游市镇的管理机制[J]. 中国历史地理论丛，2003，18（1）：8—20.

[60] 邓亦兵. 清代前期商品流通的运道[J]. 历史档案，2000（1）：99—100.

[61] 王燕玲. 商品经济与明清民族经济的发展[J]. 云南民族大学学报（哲学社会科学版），2005，22（5）：118—122.

[62] 曹蓬. 和平古镇保护规划研究[D]. 泉州：华侨大学，2003.

[63] 蒋春泉. 江南水乡古镇空间结构重构研究初探——从水街路街并行模式到立体分形模式的转变[D]. 大连：大连理工大学，2004.

[64] 陈捷. 乡土环境与聚落形态——静升乡土聚落空间形态分析[D]. 太原：太原理工大学，2003.

[65] 梁江，孙晖. 中国封建传统商业街区的空间形态及模式分析[J]. 华中建筑，2006，24（2）：78—83.

[66] 石雷，邹欢. 城市历史遗产保护：从文物建筑到历史保护区[J]. 世界建筑，2001（6）：26—29.

[67] 陈凡. 湖北赤壁羊楼洞古镇研究[D]. 武汉：武汉理工大学，2005.

[68] 孟岗. 湖北罗田胜利镇屯兵堡街研究[D]. 武汉：武汉理工大学，2005.

[69] 芦原义信. 外部空间设计[M]. 尹培桐，译. 北京：中国建筑工业出版社，1985.

[70] 凯文·林齐. 城市意象[M]. 方益萍，何晓军，译. 北京：华夏出版社，2001.

[71] 杨·盖尔. 交往与空间[M]. 何人可，译. 北京：中国建筑工业出版社，2002.

[72] 汤因比. 历史研究[M]. 曹未风，译. 上海：上海人民出版社，1998.

[73] 艾尔·巴比. 社会研究方法基础. 邱泽奇, 译[M]. 北京：华夏出版社，2002.

[74] LEARY T F. Interpersonal diagnosis of personality[M]. Newyork:Ronald，1957.

[75] BAILEY K D. Method of social researeh[M]. Newyork:Free Press，1978.

[76] WILLIAN SKINNER. The city in late imperial China[D]. San Francisco：Stanford University，1977.

[77] FUENWERKER ALBERT. China's early industrialization[D]. Chicago:University of Chicago，1958.

[78] COUCH C. Urban reneowal：theory and practice[M]. London：Macmillan Education Ltd，1990.

[79] YNES SIMON，FABRICE MOIREAU. Paris aquarelles[M]. [S.l.]：[s.n.]，2000.

[80] JOHATHAN BARNETT. The fractured metropolis[M]. Boulder：Westview Press，1996.

[81] ERIC HITTERS. Culture and capital in the 1990s：private support for the arts and urban change in the netherlands[J]. Built Environmen，1992，18（2）：111-112.

[82] SEDASTIAN LOEW. Design control in France[J]. Built Environment，1994，20（2）：88-103.

[83] 刘炜. 湖北古镇的历史、形态与保护研究[D]. 武汉：武汉理工大学，2006.

[84] 赵彬，王梦. 大悟县历史村镇类型划分与街巷空间特色初探[J]. 华中建筑，2015（1）：112-117.

[85] 李百浩. 湖北近代建筑[M]. 北京：中国建筑工业出版社，2005.

[86] 杨成锦. 湖北古镇文化研究[D]. 武汉：武汉理工大学，2010.

[87] 许怡. 传统村落公共空间保护与更新研究——从红河州传统村落为例[D]. 昆明：昆明理工大学，2015.

[88] 宋阳. 湖北古镇空间形态解析及其整合性保护研究[D]. 武汉：华中科技大学，2007.

[89] 宋建成，吴银玲. 浅议历史古村镇保护与旅游经济发展战略——以湖北小河镇为例[J]. 农业经济，2010（4）：34-35.

附录图纸

街道

店铺

0   4m

73号刘宅

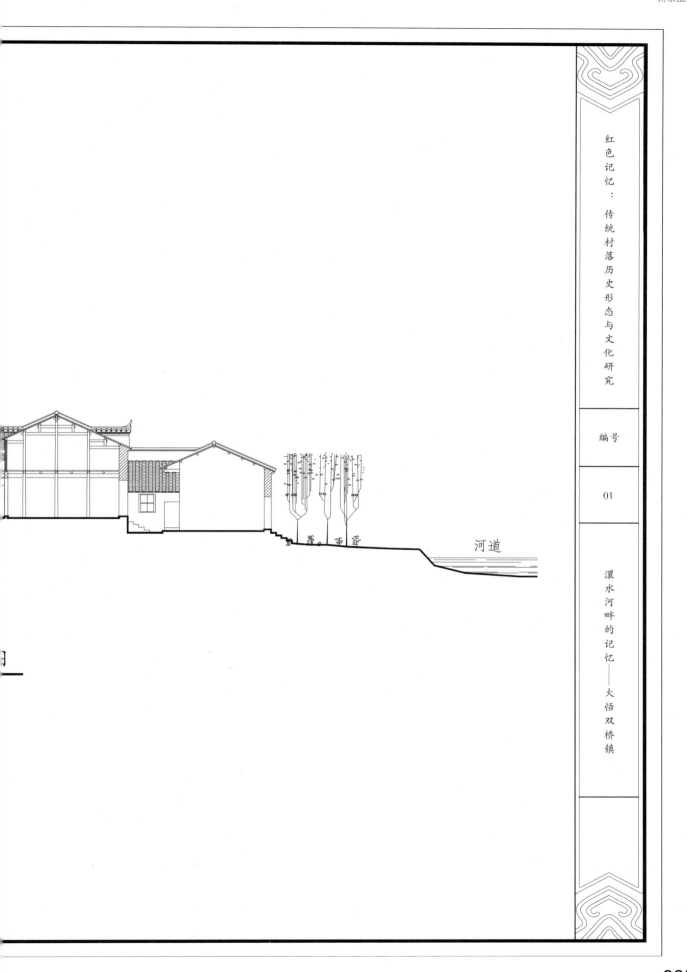

河道

红色记忆：传统村落历史形态与文化研究

编号

01

澴水河畔的记忆——大悟双桥镇

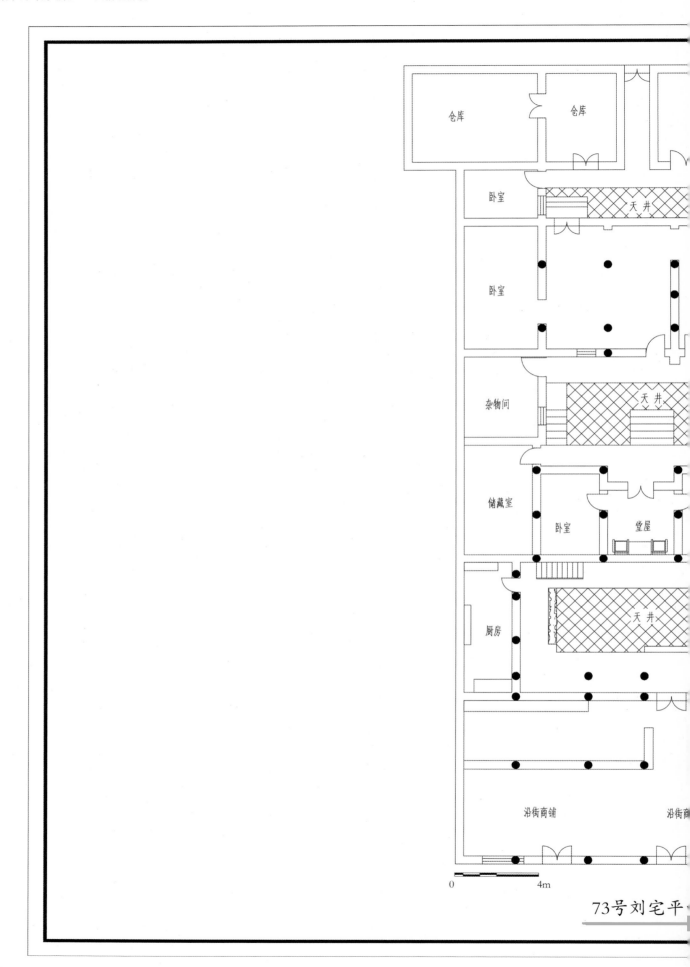

仓库

仓库

卧室

天 井

卧室

杂物间

天 井

储藏室

卧室

堂屋

厨房

天 井

沿街商铺

沿街商

0   4m

73号刘宅平

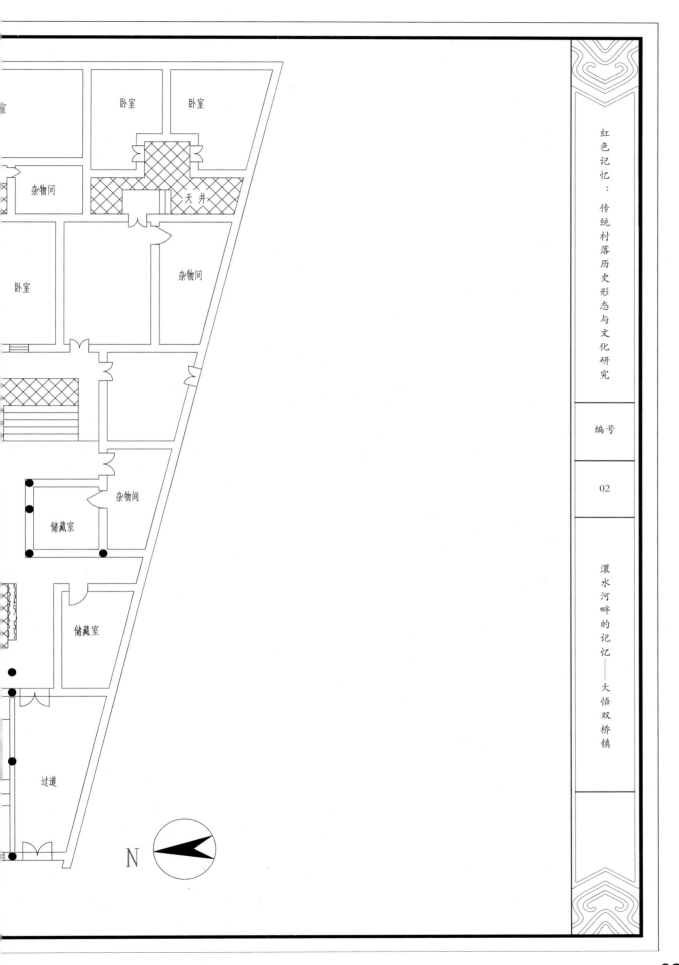

卧室

卧室

卧室

杂物间

天井

卧室

杂物间

杂物间

储藏室

储藏室

过道

N

红色记忆：传统村落历史形态与文化研究

编号

02

澴水河畔的记忆——大悟双桥镇

0　　　　　2m

73号刘宅立

红色记忆：传统村落历史形态与文化研究

编号

03

澴水河畔的记忆——大悟双桥镇

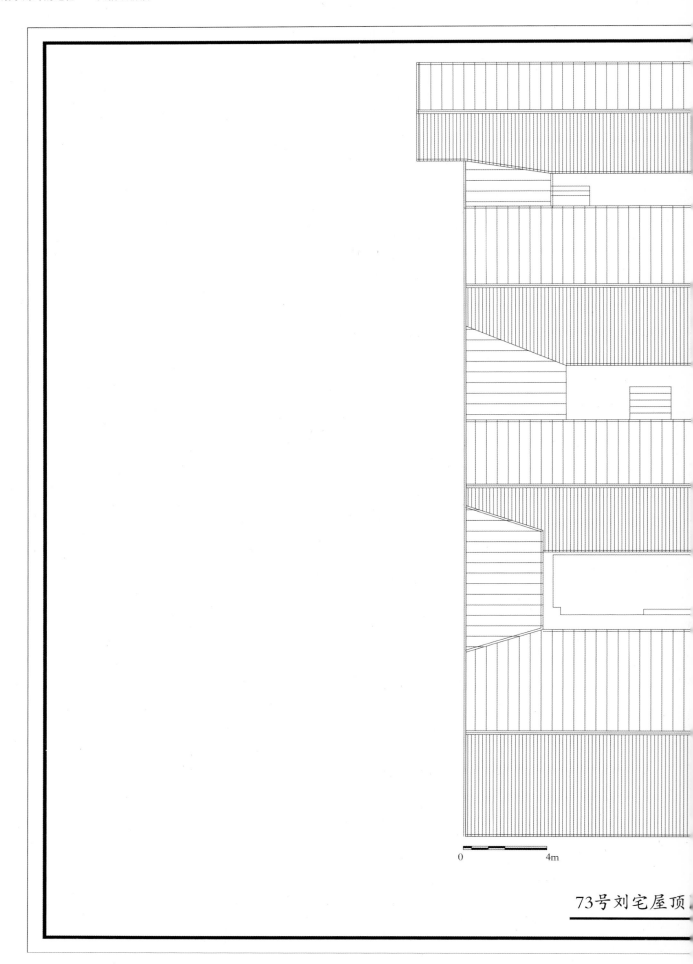

0   4m

73号刘宅屋顶

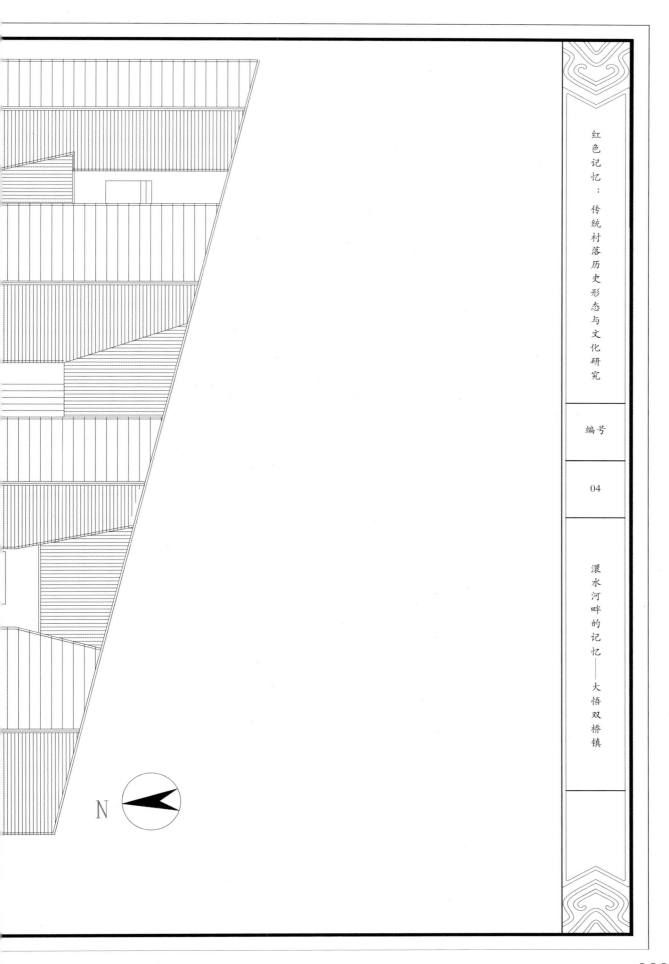

N

红色记忆：传统村落历史形态与文化研究

编号

04

潢水河畔的记忆——大悟双桥镇

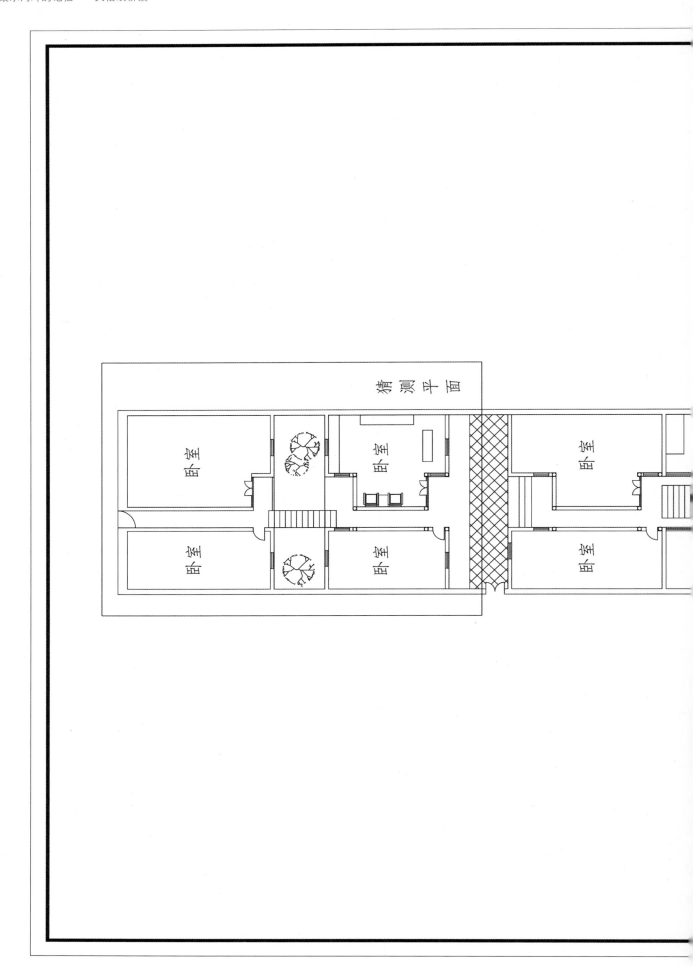

猜测平面

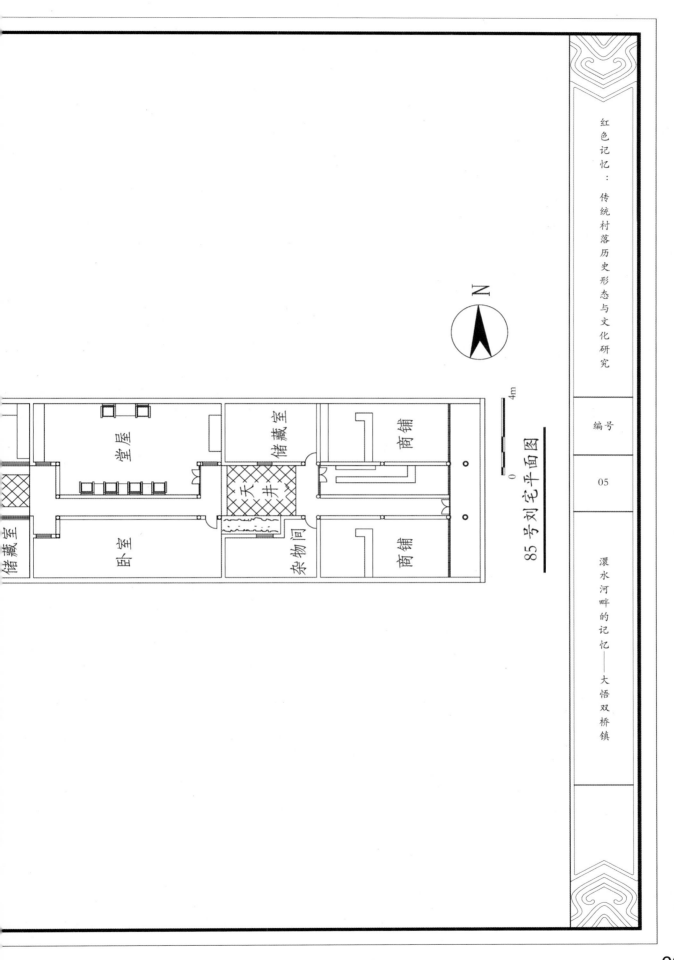

85号刘宅平面图

红色记忆：传统村落历史形态与文化研究

编号

05

澴水河畔的记忆——大悟双桥镇

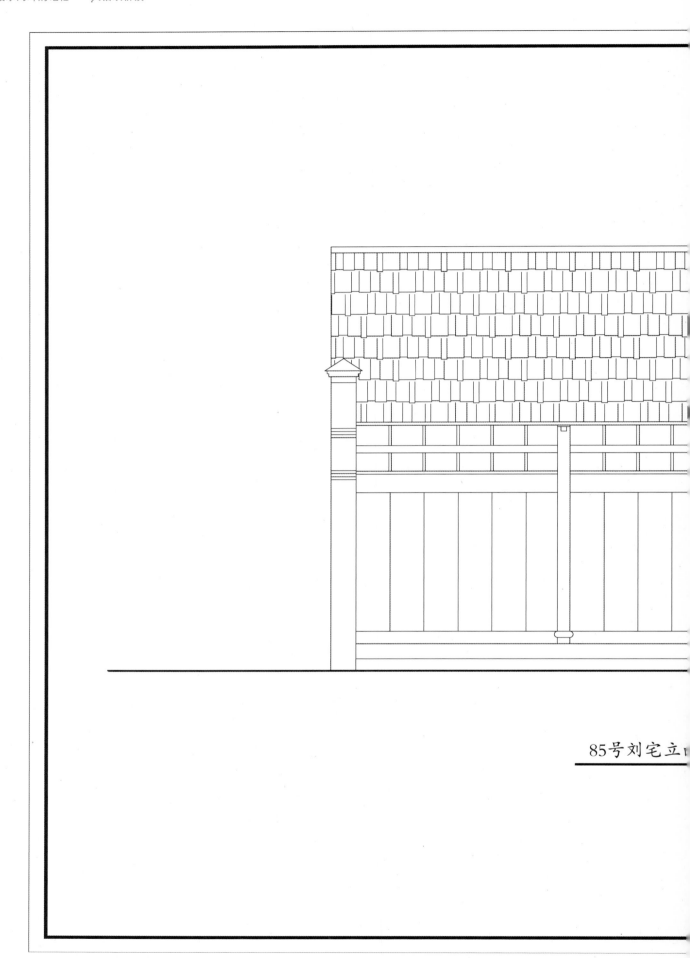

85号刘宅立

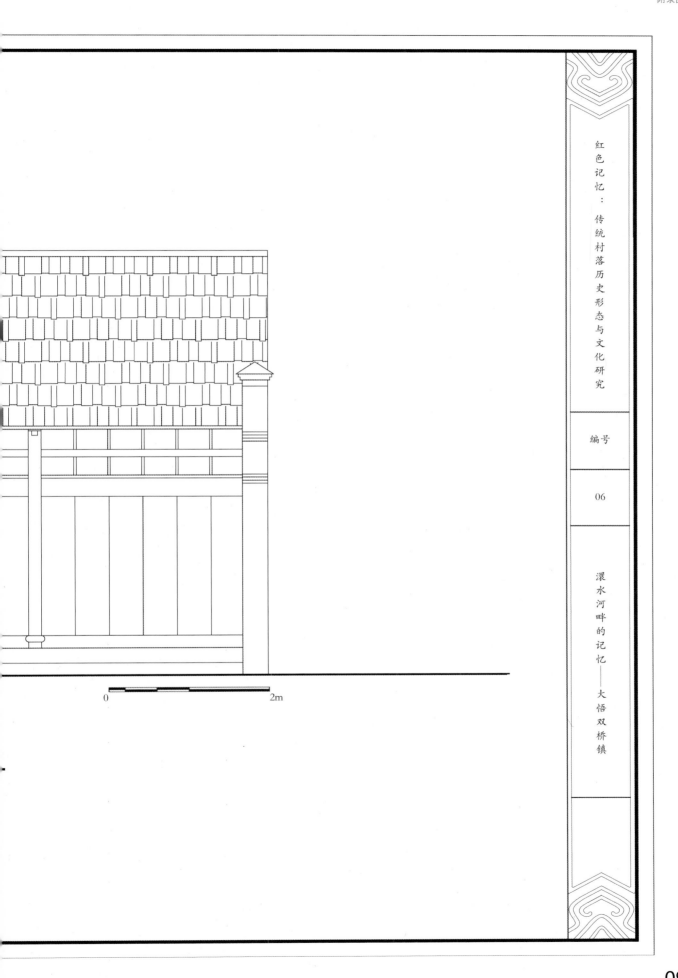

0   2m

红色记忆：传统村落历史形态与文化研究

编号

06

澴水河畔的记忆——大悟双桥镇

85号刘宅

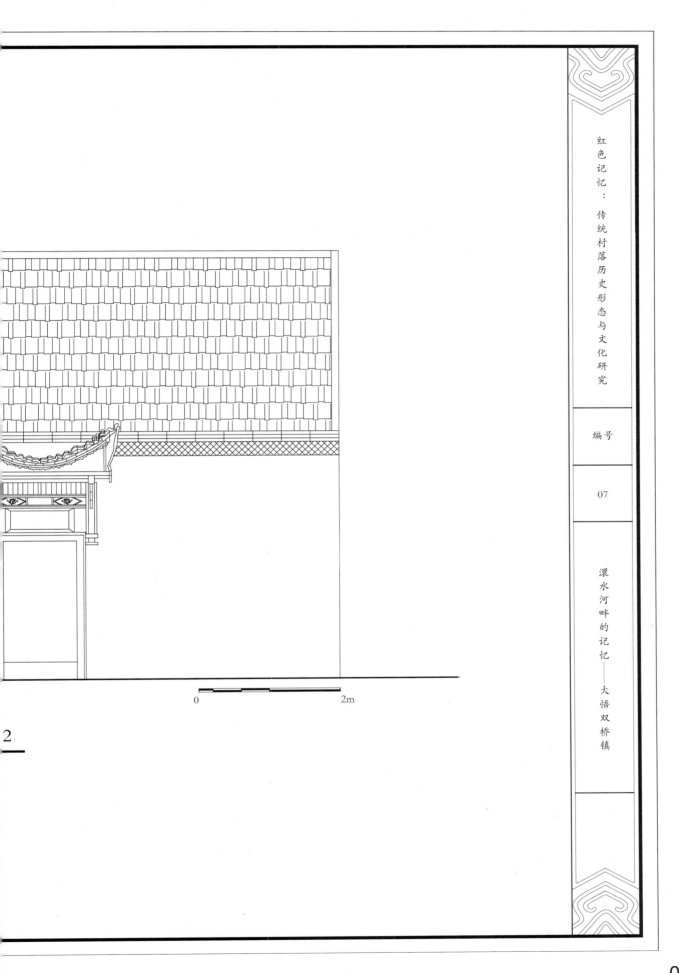

0   2m

2

红色记忆：传统村落历史形态与文化研究

编号

07

澴水河畔的记忆——大悟双桥镇

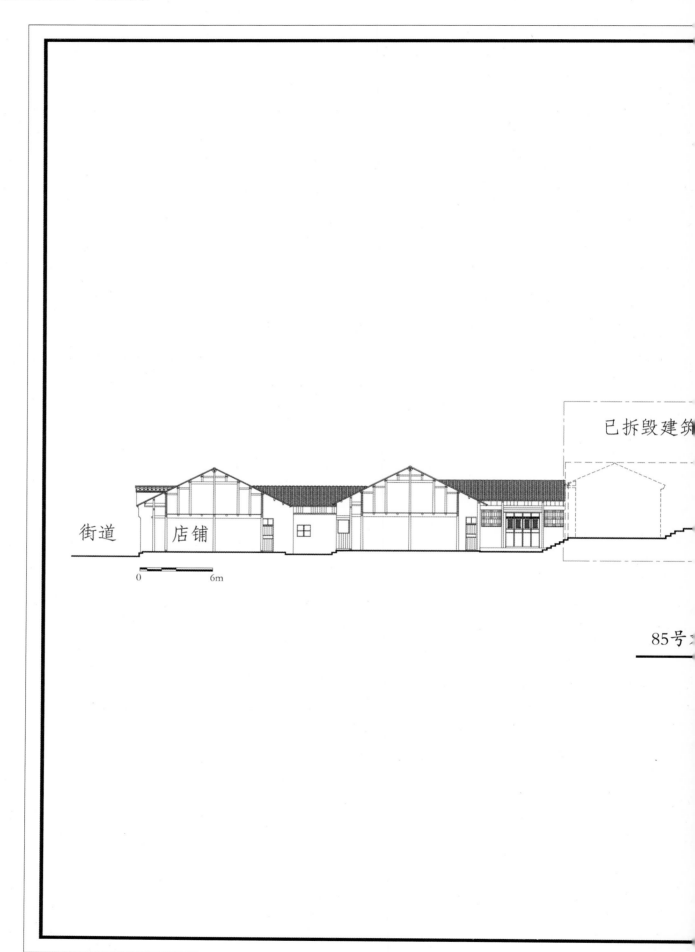

街道

店铺

0　　　　　6m

已拆毁建筑

85号

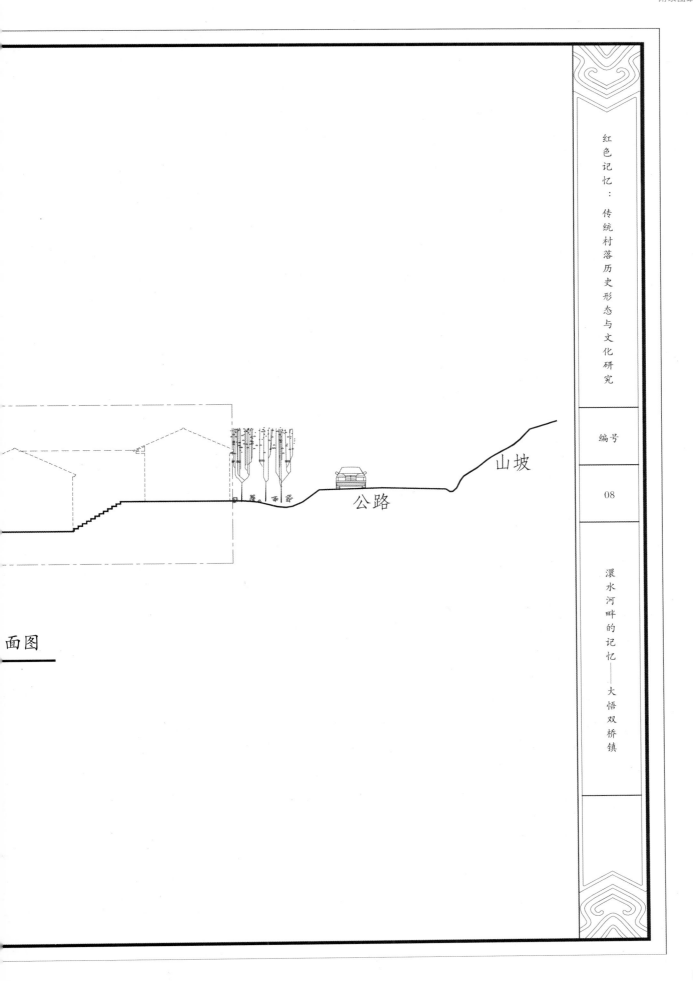

山坡

公路

面图

红色记忆：传统村落历史形态与文化研究

编号

08

澴水河畔的记忆——大悟双桥镇

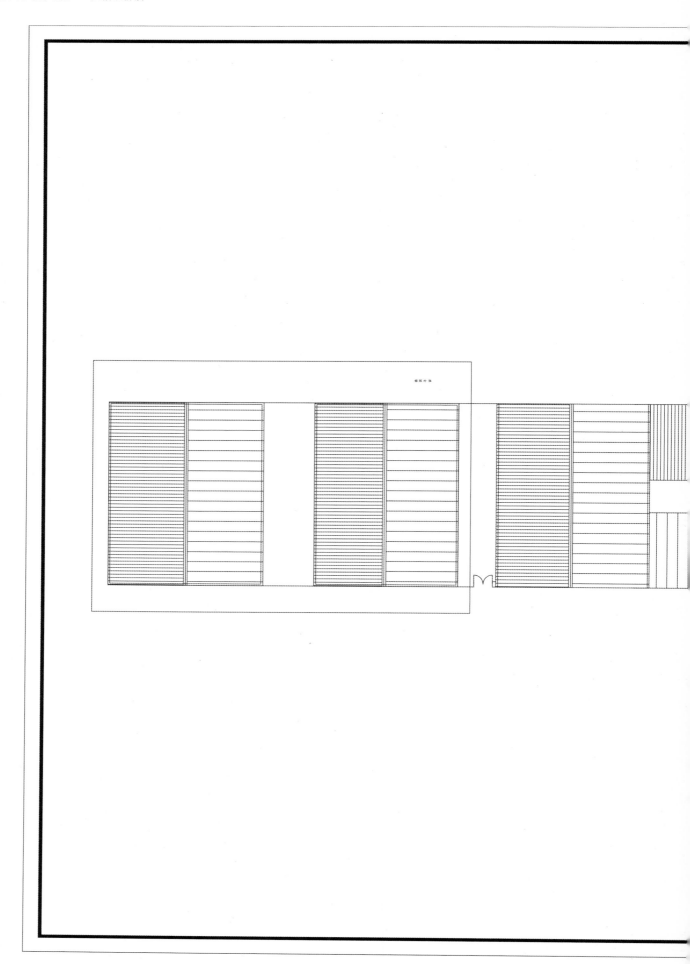

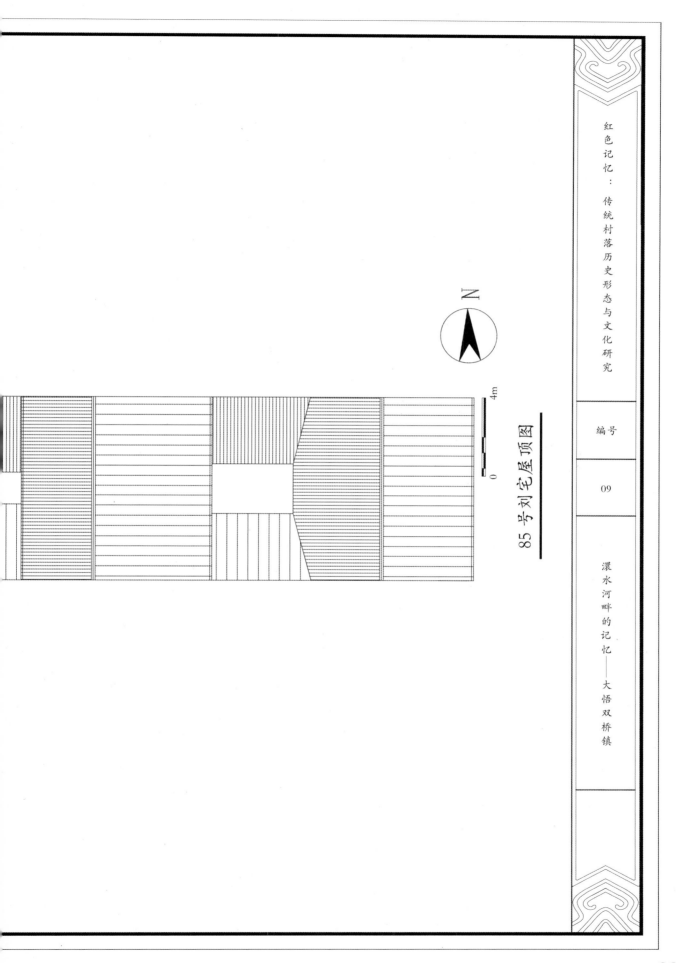

85号刘宅屋顶图

N

0   4m

红色记忆：传统村落历史形态与文化研究

编号

09

澴水河畔的记忆——大悟双桥镇

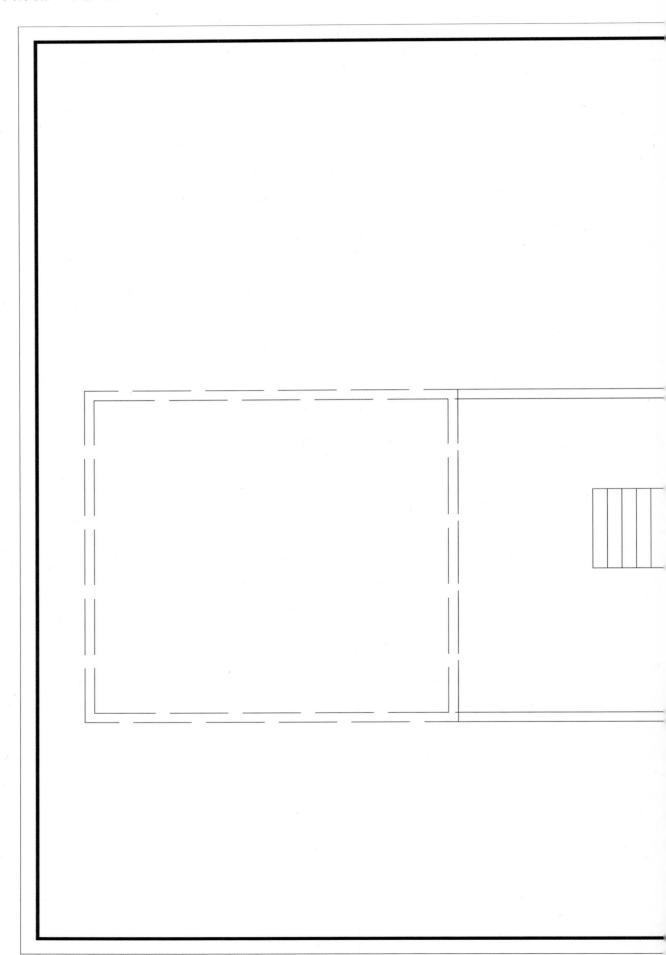

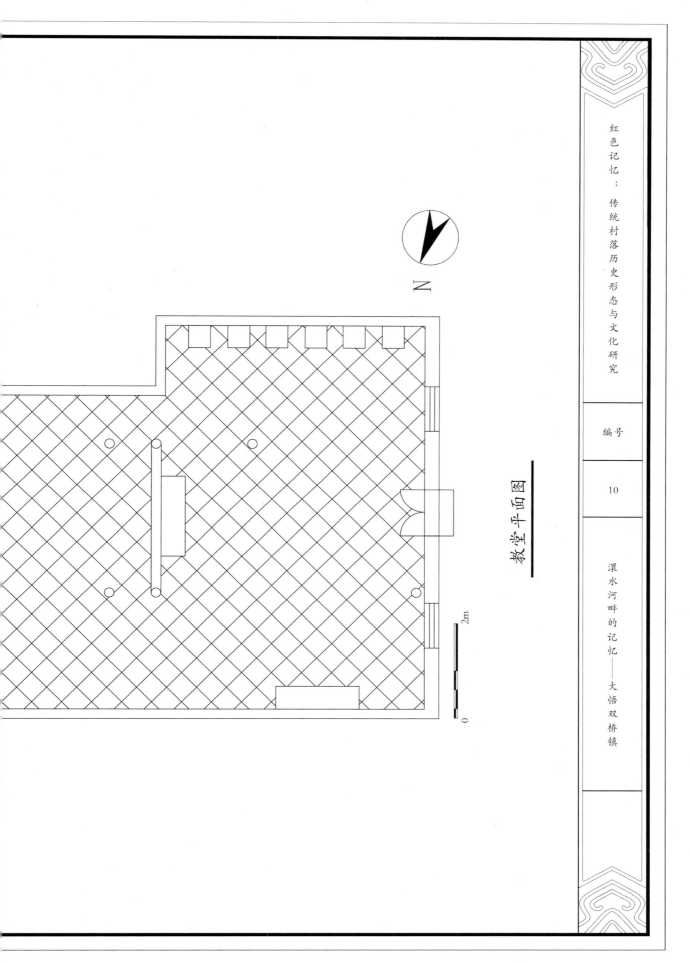

教堂平面图

0　　2m

红色记忆：传统村落历史形态与文化研究

编号

10

澴水河畔的记忆——大悟双桥镇

N

0   2m

教堂立

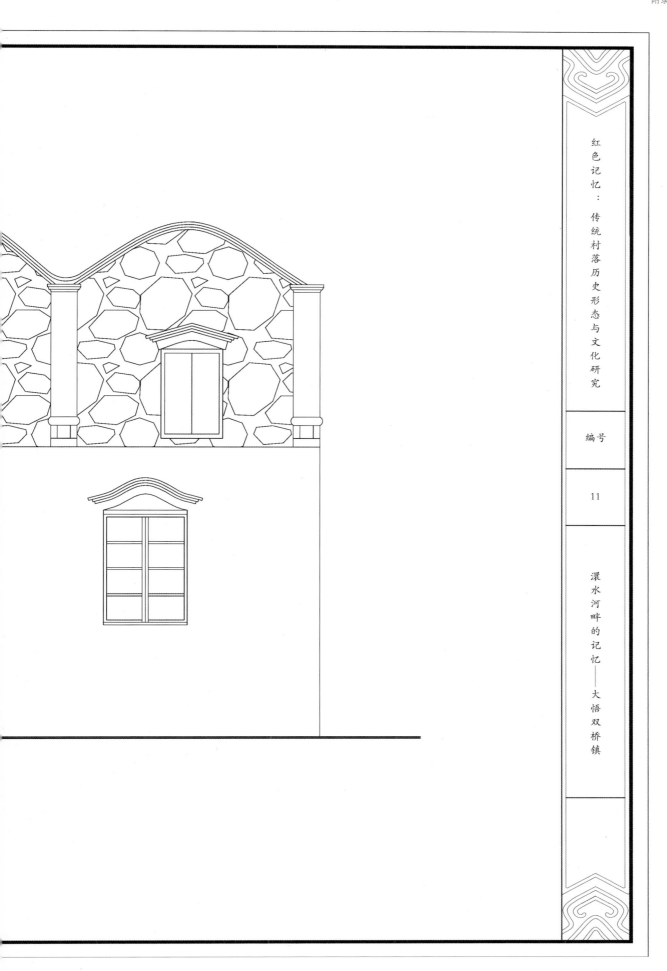

红色记忆：传统村落历史形态与文化研究

编号

11

澴水河畔的记忆——大悟双桥镇

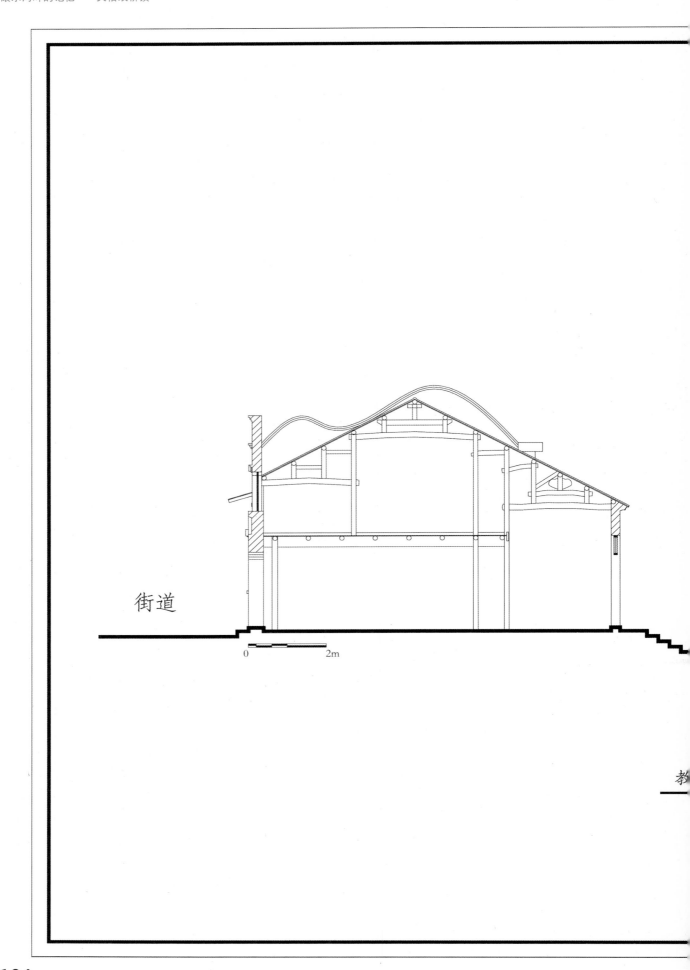

街道

0   2m

教

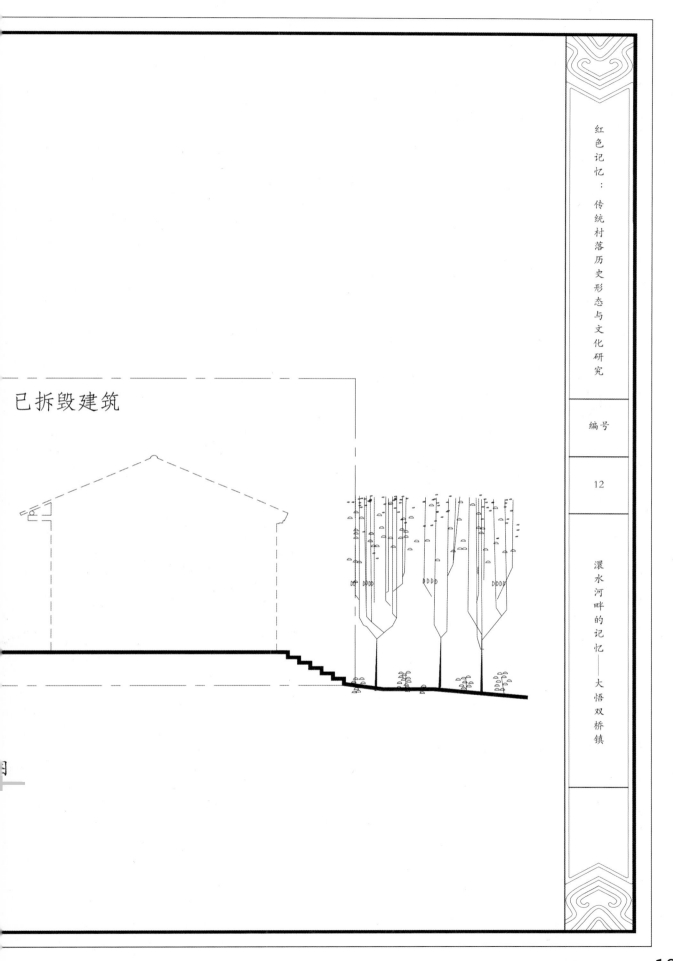

已拆毁建筑

红色记忆：传统村落历史形态与文化研究

编号

12

滠水河畔的记忆——大悟双桥镇